新能源材料与器件性能综合实验教程

孙盼盼　主　编

赵　君　代忠旭　副主编

化学工业出版社

·北京·

内容简介

本书为新能源专业实验课程教材，由新能源材料基本性能测试实验和新能源器件性能测试实验两部分组成，共27个实验，涵盖了半导体材料性能测试、光电催化材料性能测试、超级电容器性能测试、锂离子电池性能测试、太阳能电池性能测试和LED器件光学测试等内容。本书以能量转换过程中涉及的材料和器件为重点，每个实验包括实验目的，实验原理，实验仪器、试剂、材料，实验步骤，注意事项，实验报告内容和思考题。在实验原理部分简要引入了与本实验相关的理论知识，帮助学生理论联系实际，更深入和直观地掌握理论知识，形成面向实际的科学技术学术能力。

本书可供新能源材料与器件相关专业教学使用，也可供新能源、电池、储能等领域专业人员参考。

图书在版编目（CIP）数据

新能源材料与器件性能综合实验教程/孙盼盼主编；赵君，代忠旭副主编. —北京：化学工业出版社，2022.2（2025.2重印）

ISBN 978-7-122-40428-2

Ⅰ. ①新… Ⅱ. ①孙…②赵…③代… Ⅲ. ①新能源-材料-性能-教材 Ⅳ. ①TK01

中国版本图书馆CIP数据核字（2022）第013324号

责任编辑：杨　菁　李玉晖　甘九林　　　　　　装帧设计：韩　飞
责任校对：宋　玮

出版发行：化学工业出版社（北京市东城区青年湖南街13号　邮政编码100011）
印　　装：北京科印技术咨询服务有限公司数码印刷分部
710mm×1000mm　1/16　印张10　字数169千字　2025年2月北京第1版第3次印刷

购书咨询：010-64518888　　　　　　售后服务：010-64518899
网　　址：http://www.cip.com.cn
凡购买本书，如有缺损质量问题，本社销售中心负责调换。

定　　价：39.00元

《新能源材料与器件性能综合实验教程》
编写人员名单

主　编　孙盼盼

副主编　赵　君　代忠旭

编　者　（按姓氏笔画排序）

代忠旭

孙盼盼

向　鹏

李东升

吴亚盘

肖　婷

赵　君

陶华超

黄　妞

前　言

面对能源和环境问题，人类最终离不开新材料、新能源的开发和使用。新能源技术是 21 世纪世界经济发展中最具有决定性影响的技术领域之一，也是世界各国争相控制的制高点之一。新能源材料的开发也越来越引起世界各国的高度重视，新的技术和成果不断涌现。

新能源材料与器件是实现新能源的转化和利用以及发展新能源技术的关键，培养新能源材料相关专业人才是推动新能源和可再生能源发展的有力保障。2010 年，教育部首次批准 15 所高校开办 18 个与新能源相关的战略性新兴产业本科专业。以培养适应我国经济结构战略性调整和新能源、新材料等新兴产业发展要求的科技人才。为了达到培养"厚基础、宽口径、强能力、重应用"的复合型新能源材料与器件相关专业人才培养目标，我们编写了本书。

本书以能量转换过程中涉及的材料和器件为重点，涵盖新能源材料基本性能测试和新能源器件性能测试。本书内容主要包括半导体材料性能测试、光电催化材料性能测试、超级电容器性能测试、锂离子电池性能测试、太阳能电池性能测试和 LED 器件光学测试等内容。

本书主要由三峡大学材料与化工学院多位教师共同编写完成，其中孙盼盼博士、代忠旭教授负责本书的统稿工作。本书编写分工如下：孙盼盼博士编写实验 3、5、6、25、26；赵君教授编写实验 11、12；代忠旭教授编写实验 13、14；陶华超博士编写实验 2、15、21、22、23、24；黄妞博士编写实验 4、7、17；肖婷博士编写实验 18、19、20；吴亚盘博士、李东升教授编写实验 1、8、9、10、16；向鹏博士编写实验 27。在编写过程中，本书参考了相关的文献资料和教材，在此向这些文献和教材的作者们表示衷心的感谢！最后，感谢中国高等教育学会大学素质教育研究分会大学素质教育专题研究课题（CALE2016036）的支持。

由于编者水平有限，书中难免存在不足之处，敬请广大读者批评指正。

编者

2022 年 1 月于宜昌翠屏山

目 录

第 1 部分　新能源材料性能测试 ·· 1

实验 1　氧化铜粉体的比表面积测试 ·································· 2

实验 2　改性石墨的充放电测试 ·· 6

实验 3　半导体薄膜的紫外-可见光吸收特性测试 ················· 11

实验 4　材料反射率的测试和分析 ···································· 17

实验 5　半导体材料导电类型的测量 ································· 24

实验 6　半导体材料光致发光光谱测试 ······························ 30

实验 7　光电导衰退法测少子寿命 ···································· 35

实验 8　商品级二氧化钛的光催化性能 ······························ 41

实验 9　稀土晶态材料的荧光性能 ···································· 45

实验 10　SnO_2/ZnO 复合材料气敏性能测试 ······················ 50

实验 11　电催化析氢电极修饰及性能测试 ·························· 52

实验 12　光催化分解水制氢性能测试 ································· 60

实验 13　氧还原催化剂性能测试 ······································ 66

实验 14　低碳醇类氧化催化剂性能测试 ····························· 71

实验 15　磷酸铁锂/碳复合正极材料的充放电测试 ················· 76

实验 16　次甲基蓝水溶液吸附法测定活性炭脱色率 ·············· 80

实验 17　电极对 I_3^-/I^- 电催化性能测试与分析 ·················· 85

第 2 部分　新能源器件性能测试 ·· 93

实验 18　电极片的制备及扣式超级电容器的组装 ················· 94

实验 19　超级电容器的循环伏安测试及分析 ······················ 104

实验 20　超级电容器的内阻及容量测试 ···························· 113

实验 21　磷酸铁锂正极/石墨负极的充放电测试 ··················· 117

实验 22　石墨负极的循环伏安测试 ································· 121

实验 23　磷酸铁锂/碳复合材料中碳含量的测试 ………………………… 124

实验 24　直流四探针法测量石墨的电阻率 ……………………………… 127

实验 25　太阳能电池基本特性测试 ……………………………………… 130

实验 26　太阳能电池的光强特性测试 …………………………………… 137

实验 27　LED 特性及光度测量实验 ……………………………………… 142

第1部分　新能源材料性能测试

实验1

氧化铜粉体的比表面积测试

1. 实验目的

1）通过氧化铜的比表面积测试实验，学习比表面积测试的原理；

2）熟悉多孔纳米氧化铜棒的制备。

2. 实验原理

作为半导体材料的氧化铜有着非常好的气敏、光催化等性能，在许多研究者的研究课题中，制备出比表面积大的纳米氧化铜，能够更大程度提高半导体纳米氧化铜的气敏、光催化性能。如何利用仪器准确测试出材料的比表面积，是这些研究中非常重要的一部分内容。在低温（液氮浴）条件下，向样品管内通入一定量的吸附质气体（N_2），通过控制样品管中的平衡压力直接测得吸附分压，通过气体状态方程得到该分压点的吸附量；通过逐渐通入吸附质气体增大吸附平衡压力，得到吸附等温线；通过逐渐抽出吸附质气体降低吸附平衡压力，得到脱附等温线。放到气体体系的样品，其物质表面在低温下将发生物理吸附。当吸附达到平衡时，测量平衡吸附压力和吸附的气体流量，根据 BET 方程式(1-1)求出试样单分子层吸附量，从而计算出试样的比表面积。在非均相反应中，材料的比表面积对催化活性有重要影响，催化剂比表面积评定是衡量催化剂性能的重要指标。

$$\frac{\frac{p}{p_0}}{V(1-p/p_0)}=\frac{C-1}{V_mC}\times\frac{p}{p_0}+\frac{1}{V_mC} \tag{1-1}$$

式中，p_0 为在吸附温度下吸附质的饱和蒸汽压；p 为被吸附气体在吸附温度下平衡时的压力；V 为平衡压力为 p 时吸附气体的总体积；V_m 为吸附剂表面覆盖第一层满时所需气体的体积；C 为与被吸附有关的常数。

3. 实验仪器与试剂

实验仪器：金爱普 v-2800 比表面积及孔径分布测试仪（图 1-1）。

实验试剂：氧化铜粉、液氮、无水乙醇。

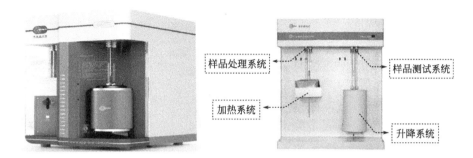

图 1-1 金爱普 v-2800 比表面积及孔径分布测试仪

4. 实验步骤

1）称量空球形玻璃瓶的质量，记下读数。

2）用锥形漏斗将氧化铜样品倒入到球形玻璃瓶中，取出锥形漏斗。

3）将装有样品的球形玻璃瓶套上螺母，然后套上环形皮圈，拧紧到预处理的接口，保持密封性良好，用升降台将保温套升起来，并塞入一定量的保温棉。

4）设置参数，进行预处理，如图 1-2。

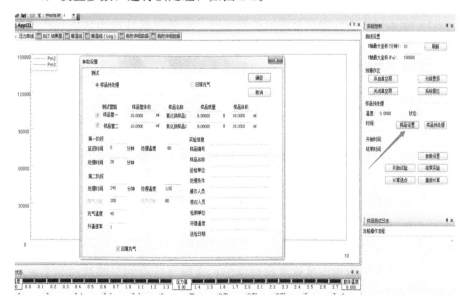

图 1-2 样品预处理参数设置界面

5）将活化好的氧化铜样品放在天平称取质量，记下读数。

6）将玻璃棒插于装有样品的球形玻璃瓶。在顶部塞入海绵，防止粉尘倒吸。然后套上螺母，之后套上环形皮圈，拧紧到接口。

7）设置比表面测定的参数，进行测试，如图 1-3。

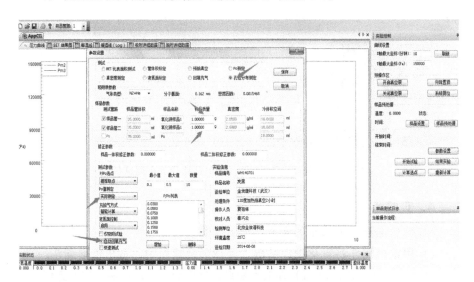

图 1-3　样品测试过程参数设置界面

5. 注意事项

1）实验过程中注意仪器的维护和使用，正确规范地操作仪器，获得准确的实验数据。

2）注意观察实验过程发生的现象，注意安全。

6. 实验报告

1）对实验目的、实验原理、实验所用到的仪器和试剂、实验步骤做简要描述。

2）通过对氮气吸附脱附过程，利用 BET 方程式求得氧化铜粉体的吸附量，进而求得材料的比表面积。

7. 思考题

1）氧化铜粉体活化温度如何确定？不同的活化温度对测试结果有何影响？

2）除了本实验中用液氮来获得低温，实验室获得低温的途径和手段还有其他哪些？

参考文献

［1］　张琳琳．多孔金属氧化物的热分解制备、性能及应用［D］．曲阜：曲阜师范大学，2014.

［2］　张海珍．氧化铜、氧化亚铜材料的制备表征及气敏性能研究［D］．长沙：中南大学，2013.

［3］　李宏斌．CuO 和 TiO_2 微/纳米材料的制备、表征及性质［D］．天津：天津理工大学，2013.

改性石墨的充放电测试

1. 实验目的

1）了解新威电池测试系统软件的使用。

2）熟悉并会分析石墨负极的充放电曲线。

2. 实验原理

锂离子电池是以锂离子嵌入化合物为正极材料的电池的总称。锂离子电池具有输出电压高、比能量高、循环寿命长、重量轻、无记忆等优势，用于小型电子产品、移动通信等领域，在各类电池中脱颖而出，引起了国内外的广泛关注，有望成为未来主流的储能装置。石墨负极是现在商用锂离子电池负极的主要材料。

锂离子电池以碳素材料为负极，以含锂的化合物作正极，没有金属锂存在，只有锂离子。锂离子电池的充放电过程，就是锂离子的嵌入和脱嵌过程。在锂离子的嵌入和脱嵌过程中，伴随着与锂离子等当量电子的嵌入和脱嵌（习惯上正极用嵌入或脱嵌表示，而负极用插入或脱插表示）。在充放电过程中，锂离子在正、负极之间往返嵌入/脱嵌和插入/脱插，被形象地称为"摇椅电池"，如图2-1所示。

锂离子电池实际上是一种锂离子浓差电池，正负电极由两种不同的锂离子嵌入化合物组成。充电时，锂离子从正极脱嵌经过电解液嵌入负极，负极处于富锂态，正极处于贫锂态，同时电子的补偿电荷从外电路供给到碳负极，保证负极的电荷平衡。放电时则相反，锂离子从负极脱嵌，经过电解液嵌入正极，正极处于富锂态。在正常的充放电情况下，锂离子在层状结构的碳材料和层状结构氧化物的层间嵌入和脱出，一般只引起层面间距变化，不破坏晶体结构，在充放电过程中，负极材料的化学结构基本不变。因此，从

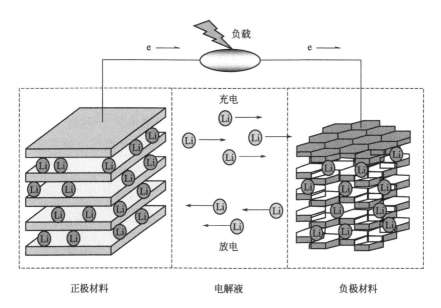

图 2-1 锂离子电池工作原理

充放电反应的可逆性看，锂离子电池反应是一种理想的可逆反应。

通过充放电测试，可以分析锂离子脱出和嵌入的电位、电极材料的比容量、首次库伦效率、电极的循环稳定性能、倍率性能等一系列电化学性能。

3．实验仪器与试剂

实验仪器：新威电池测试系统。

实验试剂：改性石墨、金属锂片、电解液（1mol/L $LiFP_6$/EC ＋ DMC）、隔膜、2025 电池壳。

4．实验步骤

(1) 制电极片

1）称取 0.08g 改性石墨，0.01g 乙炔黑，0.50mL 聚偏氟乙烯（PvDF）溶于 NMP（0.50mL×0.02g/mL＝0.01g）。均匀混合。

2）刮膜：将均匀混合后的料涂布在铜箔上，形成均匀的薄膜。

3）烘干：80℃下。

4）冲片：用切片机切成直径 14mm 的圆形电极片（活性物质负载量约为 1.5mg/cm² ）。

5）压片：用压片机在 6MPa 的压力下进行辊压得到电极片，用培养皿装好后放入真空干燥箱中，在 120℃下干燥 12h，留待组装纽扣电池使用。

(2) 组装电池

将真空烘干后的电极片立即转移到氩气气氛手套箱（MIKROUNA，Super 1220/750，$H_2O<1ppm$●，$O_2<1ppm$）中，准确称量后，计算出活性物质质量，活性物的质量＝(极片质量－铜箔质量)×0.8。再将电极片、金属锂电片、电解液（1mol/L LiFP$_6$/EC＋DMC）、隔膜和泡沫镍按一定顺序组装成 2025 型纽扣电池［正极壳→电极片（滴电解液）→隔膜（电解液浸润）→锂片→泡沫镍→负极壳］。纽扣电池构造如图 2-2 所示。静置 8h 后进行电化学性能测试。

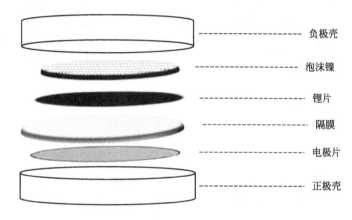

负极壳

泡沫镍

锂片

隔膜

电极片

正极壳

图 2-2 纽扣电池内部构造

(3) 充放电测试

1）将组装好的纽扣电池置于新威电池测试系统上。

2）设置参数。

① 静置 1min。

② 恒流放电，电流密度为 100mA/g；电压区间为 0.01~1.5V。

③ 静置 1min。

④ 恒流充电，电流密度为 100mA/g；电压区间为 0.01~1.5V。

充放电循环次数：30 次。

充放电测试设置如图 2-3 所示。

3）按照程序启动电池，输入电极片活性物质质量。

4）后期观察：打开测试数据分析充放电比容量，观察充放电电压平台。

● $1ppm=1\times10^{-6}$。

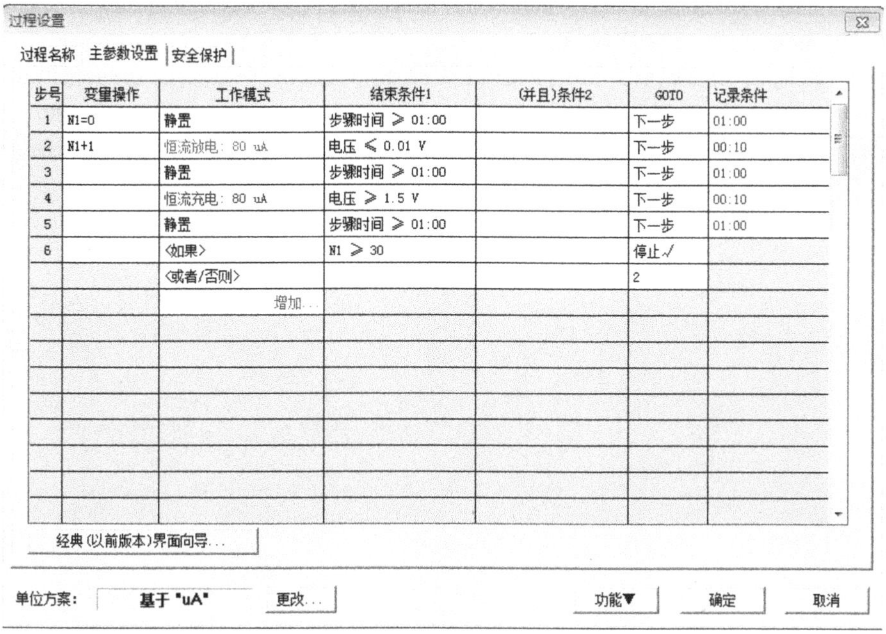

图 2-3 充放电测试设置

5. 注意事项

1）不同的充放电电流密度影响电池的比容量；
2）不同的充放电电压影响电池的比容量；
3）静置时间影响电池的性能。

6. 实验报告内容

1）分析前 30 次改性石墨的充放电压平台；
2）分析石墨负极的循环稳定性能。

7. 思考题

1）为什么电流密度影响石墨负极的比容量？
2）为什么充放电电压影响石墨负极的容量？

参考文献

[1] 孟祥德，张俊红，王妍妍等．天然石墨负极的改性研究［J］．化学学报，2012，70（6）：812-816.

[2]   Herstedt M, Stjerndahl M, Gustafsson T, et al. Anion receptor for enhanced thermal stability of the graphite anode interface in a Li-ion battery [J]. Electrochemistry Communications, 2003, 5 (6): 467-472.

[3]   Wang C, Appleby A J, Little F E. Charge-discharge stability of graphite anodes for lithium-ion batteries [J]. Journal of Electroanalytical Chemistry, 2001, 497 (1): 33-46.

[4]   Yazami R, Reynier Y. Mechanism of self-discharge in graphite-lithium anode [J]. Electrochimica Acta, 2003, 47 (8): 1217-1223.

半导体薄膜的紫外−可见光吸收特性测试

1. 实验目的

1) 掌握固体光吸收定律的物理意义。

2) 掌握半导体光吸收的基本概念。

3) 学习双光束紫外-可见分光光度计的操作方法，测试半导体薄膜的吸收特性。

2. 实验原理

光通过固体材料时，当光的频率与固体中电子（或原子）的振动频率发生共振时，就会发生光的吸收。研究固体中的光吸收，可以揭示光子与固体中电子、原子相互作用的光学过程，进而直接获得有关电子的能带结构、杂质缺陷态和原子振动等多方面的信息。

(1) 固体光吸收定律

如图 3-1 所示，当光从一种介质射向另一种介质的交界面时，一部分光返回到原来介质中，称为光的反射，其中，反射光强 I_R 与入射光强 I_0 的比值称为反射率，一般用 R 表示。另一部分则透过介质，透射光强与入射光强 I_0 的比值称为透过率，一般用 T 表示。在介质中，如果不存在吸收和散射，那么根据能量守恒我们可以得到 $R+T=1$。除了光的反射与透射，光在介质中传播时具有衰减现象，即产生光的吸收。光学介质对光的吸收用吸收系数 α 来表示，定义为光在介质中行进单位长度被吸收的量，它是衡量材料光吸收能力的重要参数。吸收系数依赖于光频率，所以一个光学材料可能吸收一种颜色的光，而对另外一种颜色的光可能完全不吸收。如果光沿 z 方向传播，z 点的光强为 $I(z)$，那么经过 dz 厚度后，光衰减的强度 $dI=$

$-\alpha \mathrm{d}z \times I(z)$。通过对公式进行积分，我们可以得到：$I(z)=I_0\mathrm{e}^{-\alpha z}$，$I_0$ 为 $z=0$ 处的光强，这就是比尔定律。

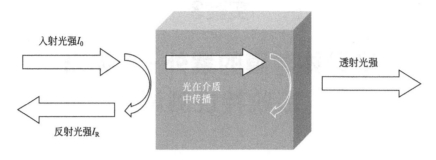

入射光强I_0

光在介质中传播

透射光强

反射光强I_R

图 3-1 光在介质中的反射、传播和透过

令 R_1 和 R_2 分别为材料前表面和后表面的反射率，l 为材料的厚度，可以求得光经过材料后的透过率 $T=(1-R_1)\mathrm{e}^{-\alpha l}(1-R_2)$。式中，等号右边第一项和第三项分别代表材料的前表面和后表面的透过率，中间一项为光在材料中传播时的衰减，遵守比尔定律。通常情况下，前表面和后表面的反射率相等，都用 R 表示，则上式可以简化为 $T=(1-R)^2\mathrm{e}^{-\alpha l}$，这就是材料厚度为 l 时，光透过率与反射率的关系。

材料对光的吸收还可以用光密度（O.D.）来表示，或者称为吸光度（absorbance，简称 A），其中，吸光度 A 和光透过率 T 存在关系 $A=-\lg\dfrac{I(l)}{I_0}=-\lg T$，将比尔定律代入可以得到

$$A=-\lg\frac{I(l)}{I_0}=-\lg(-\alpha l)=\alpha l\lg \mathrm{e}=0.434\alpha l$$

从上式中可以看出，材料的光吸收能力和两个因素相关：光吸收系数 α，吸收系数越大，光吸收能力越强；材料的厚度 l，厚度越大，光吸收能力越强。

(2) 半导体的光吸收

我们已经知道半导体的能带填充情况，电子恰好填满一系列的能带，最高的满带叫作价带，最低的空带叫作导带，导带和价带之间为禁带。当一定波长的光照射半导体材料时，电子吸收光能量，从价带跃迁到导带，在价带留下一个空穴，产生电子-空穴对，这个过程称为本征光吸收。显然，要发生本征光吸收，光子能量必须等于或大于禁带宽度 E_g，即 $\hbar\omega \geqslant \hbar\omega_0=E_g$，$\hbar\omega_0$ 是发生本征吸收的最低光子能量。由此，可以得到半导体的本征吸收边（长波限）$\lambda_0=\dfrac{1240}{E_g(\mathrm{eV})}(\mathrm{nm})$。可以看出，半导体的光吸收与其禁带宽度 E_g

密切相关，E_g 越大，其光吸收范围越小；E_g 越小，其光吸收范围越大。

　　在光照下，电子吸收光子的跃迁过程，除了能量必须守恒外，还必须满足动量守恒，即满足带间跃迁选择定则。如果在跃迁过程中，电子的波矢 k 不发生变化，在能带的 $E(k)$ 图中，初态和末态几乎在同一条竖直线上，这样的跃迁叫作竖直跃迁，如图 3-2（a）所示，也叫直接跃迁，相应的半导体叫作直接带隙半导体。如果在跃迁过程中，电子的波矢 k 发生了变化，在能带的 $E(k)$ 图中，初态和末态不在同一条竖直线上，这样的跃迁叫作非竖直跃迁，如图 3-2(b) 所示，也叫间接跃迁，相应的半导体叫作间接带隙半导体。与竖直跃迁相比，非竖直跃迁是一个二级过程，发生的概率要小得多，其相应半导体的光吸收能力要弱得多。例如，常见的半导体 Si 是典型的间接带隙半导体，而 GaAs 是典型的直接带隙半导体，在可见光区域，GaAs 的光吸收系数要比 Si 的高一个数量级，这意味着采用 Si 制造太阳能电池需要更厚的材料。

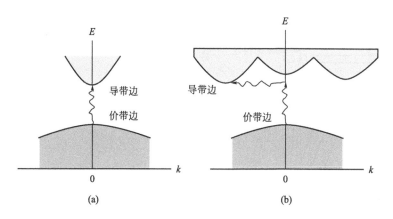

图 3-2　直接跃迁（a）和间接跃迁（b）

　　半导体的光吸收系数与光子能量之间存在一定的关系：$(\alpha h\nu)^n = A(h\nu - E_g)$，式中，$h\nu$ 为光子能量；E_g 为禁带宽度；A 为常数；对于直接带隙半导体 $n=2$，对于间接带隙半导体 $n=0.5$。

（3）双光束紫外-可见分光光度计

　　实验采用双光束紫外-可见分光光度计测试半导体薄膜的光吸收性质。如图 3-3 所示，双光束分光光度计主要包括光源、单色仪、样品室、检测器和数据输出系统几个部分。图中光源发出的光被分为两束，分别为样品光束和参比光束（可以克服光源不稳定性、某些杂质干扰因素等影响，还可以检测样品随时间的变化等），然后送入检测器光电倍增管，经分析后输出得到薄膜对光的吸收信息，其内部光路如图 3-4 所示。

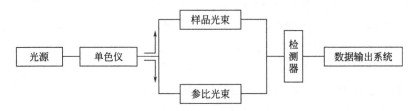

图 3-3 双光束分光光度计内部结构

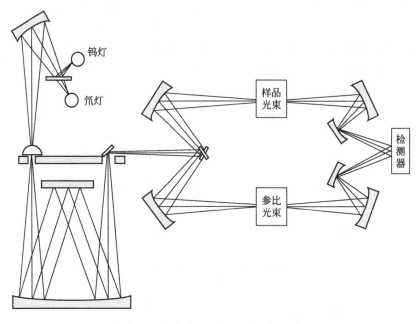

图 3-4 双光束分光光度计内部光路

在上述理论基础上，双光束紫外可见分光光度计可以用来研究光催化、太阳能电池领域固体样品的光吸收性能，还可以用于催化剂中表面过渡金属离子及其配合物结构、氧化态、配位态等的研究。本实验就是利用双光束紫外可见分光光度计方法来测试半导体薄膜的光吸收特性，这是太阳能电池领域研究薄膜特性的重要手段。在测试过程中，薄膜应是背面入光，且光照射部分应选择薄膜较为平整区域，以避免测试误差对实验结果的影响。

3. 实验仪器与材料

实验仪器：双光束紫外-可见分光光度计、计算机（含 UVWIN5 软件）。
实验材料：厚度基本相同的半导体（$E_g = 1.7\text{eV}$，为直接带隙；$E_g =$

2.2eV，为间接带隙；$E_g = 1.1$eV，为间接带隙）。

4．实验步骤

1）打开计算机，打开双光束分光光度计电源进行预热，打开 UVWIN5 软件进行仪器自检。

2）仪器自检结束，进行测试参数设置，设定测试模式、波长范围、扫描速度、光谱带宽等参数。

3）未放入样品，使分光光度计空跑一次进行基线校正。

4）将样品（1#、2#、3#、4#）依次放入测试样品位置，点击"开始"，分别测试其透过图谱 T-λ。

5）测量结束，保存数据（.spd），导出数据（.txt）。

6）关闭软件，关闭计算机，关闭分光光度计。

5．注意事项

1）使用双光束分光光度计，先开仪器，再打开计算机进行自检。自检之前要选择正确的测试模式，如本测试为标准测试模式，附件项为固定样品池，否则仪器自检无法通过。

2）仪器自检后一定要进行基线校正以保证测试的准确性。

3）测试样品透过光谱时，样品要轻拿轻放，且不要用手直接接触薄膜的表面，以防样品受到污染影响测试的准确性。

6．实验报告内容

1）根据吸光度 A 和光透过率 T 的关系 $A = -\lg \dfrac{I(l)}{I_0} = -\lg T$，将测试的透过光谱 T-λ 转变为吸收光谱 A-λ。

2）对比相同厚度、不同材料的薄膜（即 1#、2# 和 3# 样品）的吸收光谱 A-λ，阐述它们光吸收能力的差异，并分析为什么有这种差异。

3）对比相同材料但不同厚度薄膜（即 3# 和 4# 样品）的吸收光谱 A-λ，并结合比尔定律分析薄膜厚度对材料光吸收能力的影响。

7．思考题

1）影响半导体材料光吸收性质的因素有哪些？

2）在以上所测试的样品中，哪个材料更适合于做太阳能电池材料？如果用来制作太阳能电池，其薄膜的厚度应如何确定？

参考文献

［1］ 黄昆，韩汝琦. 固体物理学［M］. 北京：高等教育出版社，2013.

［2］ 刘恩科，朱秉升. 半导体物理学［M］. 北京：电子工业出版社，2012.

［3］ Tauc J, Grigorovici R, Vancu A. Optical properties and electronic structure of amorphous germanium［J］. Phys. Status Solidi, 1966, 15: 627-637.

［4］ Kim H S, Lee C R, Im J H, et al. Lead iodide perovskite sensitized all-aolid-statesubmicron thin film mesoscopic solar cell with efficiency ex-ceeding 9%［J］. Scientific Reports, 2012, 2: 591.

［5］ Fox M. Optical Properties of Solids［M］, Beijing: Science Press, 2009.

实验4

材料反射率的测试和分析

1. 实验目的

1）理解材料的反射率与光折射率、消光系数的关系，掌握用反射率估算材料光折射率的原理和方法。

2）理解减反射的原理和方法。

3）掌握用紫外-可见分光光度计积分球附件测试材料漫反射率的方法。

2. 实验原理

（1）表面结构化与材料的光反射

有效的表面结构可以使得入射光在材料表面多次反射和折射，增加光吸收率，从而降低光反射率，如图 4-1 所示。

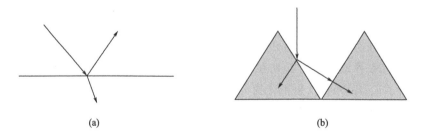

(a)   (b)

图 4-1　光在光滑表面的反射、折射（a）和光在
不光滑表面的多次反射、折射（b）

（2）表面镀膜处理与材料的光反射

1）不同材料具有不同的反射率

光照射到物体表面一般都会被反射。当光从媒质 1 垂直入射媒质 2 时，两种媒质的界面对光的反射率由下式决定

$$R = \frac{(n_2-n_1)^2+(k_2-k_1)^2}{(n_2+n_1)^2+(k_2+k_1)^2} \quad\quad\quad (4\text{-}1)$$

式中，n_1 和 n_2 分别是媒质 1 和媒质 2 的折射率；k_1 和 k_2 分别是媒质 1 和媒质 2 的消光系数。

当光在空气中对复折射率 $N=n-ik$ 的媒质入射时，由于空气的消光系数近似为 0 而折射率近似为 1，因此，此种情况下的反射率可表示为

$$R = \frac{(n-1)^2+k^2}{(n+1)^2+k^2} \quad\quad\quad (4\text{-}2)$$

对于吸收性很弱的材料，其消光系数 k 很小，可以忽略。这时，反射率 $R = \frac{(n-1)^2}{n+1}$，其大小决定于媒质与空气的折射率之差。与空气折射率相近的媒质反射率较小，如石英玻璃对可见光的反射率只有 3％左右。大多数半导体的折射率都比空气折射率大很多，所以反射率较大。例如，Si 在可见光范围的 n 大致等于 3.4，按消光系数为零计算，其反射率接近 30％。所以，Si 太阳能电池表面一定要做减反射处理或镀覆一层折射率较低的氧化物或碳化物。

2）膜厚对光反射率的影响

除了以上提及的两种减反射方法（即对材料自身的表面做粗糙化处理和材料表面覆盖一层光反射率低的薄膜），还可以通过调节覆盖膜（coating）的膜厚利用光的干涉原理来有效降低光的反射率。光干涉的基本知识如下。

① 两束平行相干光的波程差等于波长整数倍时，则两束光相互加强；两束相干光的波程差等于半波长奇数倍时，则两束光相互削弱。

② 光在折射率为 n 的介质传播距离为 l，光波的波程即为 nl。

③ 光在界面反射时，光在反射回光疏介质时，光的相位移动 π，即光程移动了 $\lambda/2$；光在反射回光密介质时，光的相位不变。

④ 光在界面透射时，不发生光的相位变化。

以折射率为 1.5 的材料为例，随着其表面镀层的折射率和膜厚的变化，材料对垂直入射单色光的反射率的变化曲线如图 4-2 所示。

作为两个特例，图 4-3 示意了某一波长单色光在材料表面的无反射（a）和全部反射（b）效果图，其中 n_0，n_1，n_2 分别为空气（或真空）、覆盖膜、材料自身的折射率；d_1 表示覆盖膜膜厚。当覆盖膜膜厚为某一厚度时，薄膜上表面反射回来的光与经过薄膜内部在材料与薄膜界面反射后经过薄膜折射出来的光在薄膜上表面相遇而相干减弱（波峰与波谷相遇），反射率为

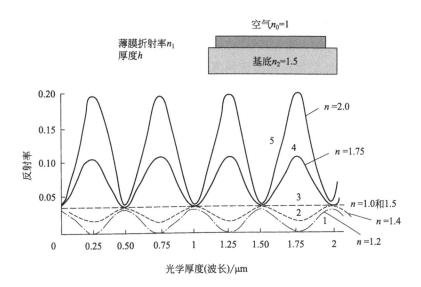

图 4-2　薄膜光学厚度 n_1h（h 为膜厚）对平行单色光反射率的影响

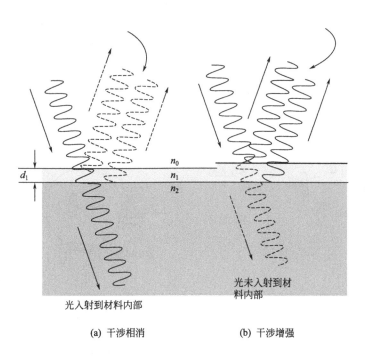

(a) 干涉相消　　　　　　　　(b) 干涉增强

图 4-3　薄膜膜厚对平行单色光入射、反射效果的影响

零，即光全部入射到材料内部；当覆盖膜膜厚为另一厚度时，薄膜上表面与薄膜下表面反射的光相干增强（波峰与波峰相遇），反射率为 1，光完全未入射到材料内部。根据图 4-2，对于折射率为 n_1 的薄膜材料，入射光波长为 λ_0，则使反射最小化的薄膜厚度为 d_1，$d_1 = \lambda_0 / 4n_1$。如果减反射膜的折射率为膜两边的材料的折射率的几何平均数，反射将被进一步降低。

(3) 积分球测材料的漫反射

当一束平行的入射光线射到粗糙的表面时，表面会把光线向着四面八方反射，入射光线虽然互相平行，但由于各点的法线方向不一致，反射光线向不同的方向无规则地反射，这种反射称为"漫反射"或"漫射"（diffuse reflection）。这种反射的光称为漫射光。很多物体，如植物、墙壁、衣服等，其表面粗看起来似乎是平滑的，但用放大镜仔细观察，就会看到其表面是凹凸不平的。平行的太阳光被这些表面反射后，弥漫地射向不同方向。积分球（integrating sphere）是具有高反射性内表面的空心球体，是用来收集处于球内或放在球外并靠近某个窗口处的试样对光的散射或发射的一种高效率器件。图 4-4 为测试样品光反射率的光路示意图，图中经过 M3 棱镜的光路为照射到参比样品（reference，一般用 $BaSO_4$ 粉末压片，其在可见光范围对光的反射率约为 100%）上的参比光，不经过 M3 的光路为与入射参比光相同的光照射到待测样品（reflectance sample）上，如图 4-4 所示，通过对比待测样品和参比样品对光的反射效果，确定待测样品的光反射率。

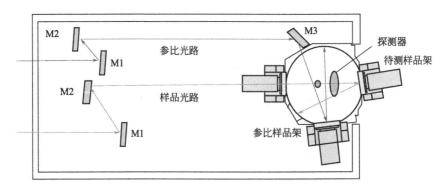

图 4-4　积分球测样品反射率的光路示意图

降低光的反射，提高光的吸收是提高太阳能电池效率的有效途径。图 4-5 为一种典型的单晶硅电池结构。晶硅太阳能电池的生产工艺中含有"表面制绒"，目的是利用表面有序的结构（倒金字塔状）来降低光的反射率；且采用等离子体增强化学气相沉积（PECVD）等方法在 Si 表面制备一层特定厚度的折射率低的氧化硅或氮化硅、二氧化钛减反射层来进一步降低光的反射率。

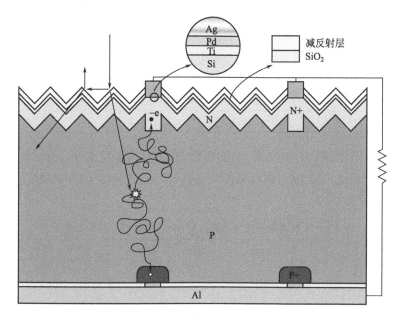

图 4-5 新南威尔士大学 PERL 电池结构示意图

3．实验仪器与试剂

实验仪器：紫外可见分光光度计（带积分球）。

实验试剂：$BaSO_4$ 粉末、压片模具；Si 片（不含减反射层、表面有 SiO_2 层、表面有 TiO_2 层）。

4．实验步骤

1）打开紫外可见分光光度计，预热 30min。

2）安装积分球附件，设定实验参数。测试类型：R（％）。扫描范围：200～900nm。扫描速度：快速。

3）校零：用黑色绒布校零，其反射率应为 0。

4）扫基线：用 $BaSO_4$ 压片校正，其在紫外～可见光范围的反射率近似为 100％。

5）测试不含减反射层 Si 片的可见光漫反射谱，记录 500～600nm 附近的反射率 R，填写表 4-1。

表 4-1 不含减反射层 Si 片的可见光漫反射

Si 片	
平均 R/%	

6）分别测试 Si 片（表面带减反射 SiO_2 膜，膜厚 25nm、50nm、75nm、100nm、125nm）的可见光漫反射谱，记录 500～600nm 附近的反射率 R，填写表 4-2。

表 4-2 Si 表面带不同厚度减反射 SiO_2 膜的可见光漫反射

SiO_2 膜厚	0	25nm	50nm	75nm	100nm	125nm
平均 R/%						

7）分别测试 Si 片（表面带减反射 TiO_2 膜，膜厚 25nm、50nm、75nm、100nm、125nm）的可见光漫反射谱，记录 500～600nm 附近的反射率 R，填写表 4-3。

表 4-3 Si 表面带不同厚度减反射 TiO_2 膜的可见光漫反射表

TiO_2 膜厚	0	25nm	50nm	75nm	100nm	125nm
平均 R/%						

5. 注意事项

1）勿用手直接摸薄膜的表面，手上的油脂附在薄膜表面不易擦去，且影响实验结果。

2）实验测试结果会受到实验室杂散光的影响，使用中尽量保持较暗的测试环境。

3）如果实验室电压波动较大，请加稳压电源后使用本仪器。

6. 实验报告内容

1）阐述减反射的基本方法及原理，阐述紫外可见分光光度计测漫反射率的工作原理，绘出光路图。

2）完成表 4-1。

3）完成表 4-2，绘出光反射率与减反射 SiO_2 膜膜厚的关系曲线。

4）完成表 4-3，绘出光反射率与减反射 TiO_2 膜膜厚的关系曲线。

7. 思考题

1）表面光滑材料的反射率适宜于积分球测试吗？

2）单晶硅太阳能电池中"金字塔"的大小（不同绒面）对电池的减反

射效果有影响吗？

参考文献

[1]　陈治明，雷天民，马剑平.半导体物理学简明教程 [M].北京：机械工业出版社，2011.

[2]　唐伟忠.薄膜材料制备原理、技术及应用 [M].北京：冶金工业出版社，2007.

[3]　史济群.PERL硅太阳能电池的性能及结构特点 [J].太阳能学报，1994，15（2）：97-99.

[4]　Mulligan W P, Rose D H, Cudzinovic M J, et al. Manufacture of solar cells with 21% efficiency [A]. EPVSEC. 19th European Photovoltaic Solar Energy Conference [C]. Paris: SunPower Corporation, 2004: 1-3.

实验5

半导体材料导电类型的测量

1. 实验目的

1）掌握半导体的导电类型及其特点。

2）掌握温差电动势的概念。

3）掌握冷热探针法测量半导体导电类型的原理及方法。

2. 实验原理

（1）半导体材料的导电

固体材料按照导电性分为三类，即导体、半导体和绝缘体。半导体的导电性介于导体和绝缘体之间，如图 5-1 所示，它易受温度、光照、电场、磁

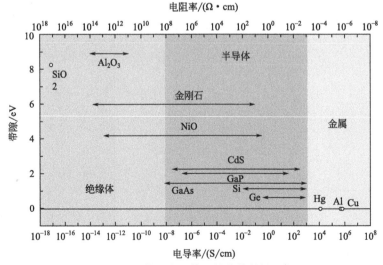

图 5-1　导体、半导体和绝缘体的导电性

注：$1eV=1.6\times10^{-9}J$

场、杂质原子的影响，所以其导电性变化范围很宽。正是半导体的这种对电导率的高灵敏度特性使其成为各种电子器件应用中最重要的材料之一。

根据能带理论，半导体中的电子恰好填满能量最低的一系列能带，再高的各带都是空的，最高的满带一般称为价带，最低的空带称为导带，价带最高能级和导带最低能级之间的能量范围称为禁带。由于满带不导电，所以尽管半导体中存在很多电子，但并不导电。但是，这只是热力学零度的情况，当外界条件发生变化时，由于半导体的禁带宽度 E_g 较小，满带中有少量的电子将被激发到上面的空带中去，使能带底部附近有了少量电子，满带顶部附近有了少量空穴，在外加电场作用下，电子和空穴均参与导电，这是半导体与导体最大的差别。

对于理想的半导体材料，原子严格地按周期性排列，晶体具有完整的晶格结构，且晶体中不含有任何的杂质和缺陷，这种半导体称为本征半导体。本征半导体中的电子和空穴是成对产生的，要想获得导电的电子-空穴对，只能通过让价带电子吸收大于等于禁带宽度 E_g 的能量跃迁到导带，如图 5-2(a) 所示，所以导电性较差。实际半导体并不是绝对纯净的，都或多或少地含有杂质，而且杂质的引入会对半导体材料的性质产生决定性的影响，例如，每 10^5 个硅原子掺入 1 个硼原子，那么其室温下的电导率将提高 10^3 倍，这大大拓宽了半导体在光电子器件（二极管、光电二极管和太阳能电池等）中的应用。根据引入的杂质原子种类，可以将半导体的导电类型分为两类：以硅为例，在纯净的硅半导体中掺入 5 价的杂质原子（如 P），杂质电离以后，导带中的导电电子数目增多，增强了半导体的导电能力，这种依靠导带电子导电的半导体称为 N 型半导体。如图 5-2(b) 所示，N 型半导体中，空穴为少数载流子，电子为多数载流子。如果在纯净的硅半导体中掺入 3 价的杂质原子（如 B），杂质电离以后，价带中的导电空穴数目增多，也增强了半导体的导电能力，这种依靠价带空穴导电的半导体称为 P 型半导体。如图 5-2(c) 所示，P 型半导体中，电子为少数载流子，空穴为多数载流子。

不同类型的半导体是形成半导体器件的基础，如二极管（PN）、三极管（N-P-N 或 P-N-P）等。因此，半导体材料的导电类型是一个重要的电学参数。

(2) 塞贝克效应

当两个不同的半导体 a 和 b 两端相接，组成一个闭合回路，如果两个接头 A 和 B 具有不同的温度，则线路中必有电流，这种电流称为温差电流，产生的电动势称为温差电动势，其数值与两个接头的温度有关。这个效应是

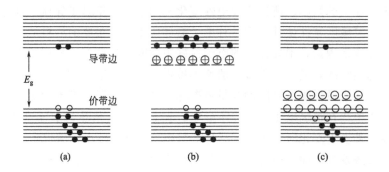

图 5-2　本征半导体 (a)、N 型半导体 (b)、P 型半导体 (c) 的能带示意图

1821 年由塞贝克发现的，故称为塞贝克效应，温差电动势即称为塞贝克电动势。

以一维 P 型半导体为例，如图 5-3 所示，一块细长的半导体片，两端与金属以欧姆接触相接，一端温度为 T_0，另一端温度为 $T_0+\Delta T$，在半导体内部就会形成均匀的温度梯度。设样品为均匀掺杂的 P 型半导体，T_0 和 $T_0+\Delta T$ 附近载流子浓度均随温度指数增大，低温端附近载流子浓度比高温端附近低，因而，空穴便从高温端向低温端扩散，在低温端就积累了空穴，样品两端形成空间电荷，半导体内部形成电场，方向由低温端指向高温端。在电场的作用下空穴沿电场方向漂移，当空穴的漂移与扩散运动相平衡时达到稳定状态，这时在半导体内部具有了一定的电场，两端形成一定的电势差，这一电势差就是由温度梯度引起的温差电动势。

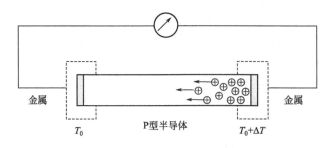

图 5-3　P 型半导体的塞贝克效应示意图

必须注意，在相同条件下，P 型半导体的温差电动势的方向与 N 型半导体的相反，如图 5-4 所示。因为当温度升高时，载流子的浓度和速度都增加，它们由热端扩散到冷端，如果载流子是空穴，在热端缺少空穴，冷端有过剩空穴，冷端电势较高，形成由冷端指向热端的电场；如果载流子是电子，在热端缺少电子，冷端有过剩电子，产生由热端指向冷端的电场，热端

电势高，冷端电势低。所以，由半导体温差电动势的正负，可以判断半导体的导电类型。

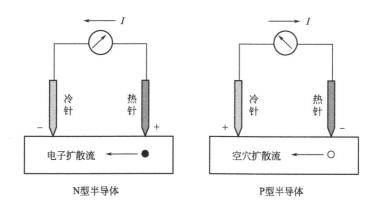

图 5-4 N 型和 P 型半导体产生不同极性的温差电动势情况

（3）冷热探针法测试半导体的导电类型

冷热探针法利用温差电效应来测量半导体的导电类型，通过判断温差电流的方向或温差电势的极性来区分半导体的类型。仪器热探笔内装有加热和控温组件，自动加热并使温度维持在 40～60℃ 温度范围内，冷热金属探针同时紧压在样品表面。以电子导电的 N 型半导体为例，如图 5-5 所示，热探针附近温度较高，电子的浓度和速度都增加，它们由热端扩散到冷端。相对较冷的探针而言，较热的探针呈现正极，产生由热针指向冷针的温差热电势。一般情况下，热电动势很微弱，需经高倍放大才能显示，热电动势信号先经低通滤波，加到前置放大器上，经量程转换后再将信号传输到主放大器，最后推动表针向"—"偏转，此时类型为 N 型。该仪器灵敏度可调，可在广泛的电阻率（从高阻单晶到重掺单晶）范围内判别半导体材料类型。

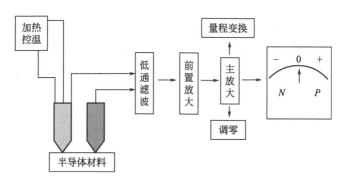

图 5-5 冷热探针法测试半导体材料导电类型原理

3．实验仪器与材料

实验仪器：STY-1 型导电类型测试仪。

实验材料：N 型单晶硅、P 型单晶硅。

4．实验步骤

1）接好电源线，并将热笔电缆插头插入仪器左侧的 4 芯插座，冷笔插头插入 3 芯插座。量程开关旋转到±100nA 或±300nA。

2）打开仪器背板上方的电源开关，此时电源指示灯及加热指示灯同时亮起，10min 以内保温（绿）灯亮，即热笔已达到规定的温度，可以开始测量。随后，加热-保温灯会自动轮换点亮，使热笔温度保持在 40～60℃，此时无论哪个灯亮均可照常工作。

3）冷热金属探针同时紧压在样品表面，观察表指针偏转方向，如果指针向"－"偏转，此时类型为 N 型；如果指针向"＋"偏转，此时类型为 P 型。

5．注意事项

1）量程开关常置于±100nA 挡，根据表针偏摆大小可选其他量程。一般低阻单晶热电流较大可选±300nA 或更大量程。高阻单晶热电流较小可选±30nA 或更灵敏量程。但开关仪器时，量程开关必须置于较大量程（±100nA 以上，因开机瞬间电流冲击较大，避免指针打坏）。

2）在使用各量程挡时，如指针在未接入信号的情况下偏离零点较明显，则需旋转调零电位器使指针复零。量程开关"调零"挡，仅在使用"非线性"、"±3nA"最灵敏挡时调零用。

3）在开机、关机的瞬间检流计会有较大偏摆，这是由于放大器灵敏度高，经受开关冲击时，指针会有反应，属于正常情况。在手持冷热笔时，指针有时也会有较小偏摆，这是人体感应造成，很快会稳定，不影响测量。

4）所测导电类型是热探针接触区域的材料导电类型，一般以较大压力时的测量结果为准（以不压坏晶体为前提）。

5）如量程在±100nA 挡，仪器停用，只需关掉背后的电源开关即可；下次再用时，打开电源开关，保温灯（绿）亮即可。

6）热笔内装有加热元件，切勿抛摔。

6．实验报告

1）简述冷热探针法测试半导体导电类型的基本原理。

2）利用冷热探针法测试单晶硅的导电类型。

7. 思考题

1）该导电类型测试仪为什么可以测试半导体的导电类型，其依据是什么？

2）半导体的导电类型还可以通过其他什么方法来确定？

参考文献

刘恩科，朱秉升. 半导体物理学［M］. 北京：电子工业出版社，2012.

半导体材料光致发光光谱测试

1. 实验目的

1) 了解材料光致发光产生的机理和一些相关的概念。

2) 学习荧光光谱仪的结构和工作原理。

3) 掌握光致发光光谱的测试及分析方法。

2. 实验原理

半导体发光的研究近些年已有长足的发展,特别是蓝光和紫外发光二极管,对当前的全色显示、存储和固态照明工程等高新技术发展有重要作用。其中,半导体发光二极管和半导体激光器作为两种极为重要的发光器件,在电子仪表显示、照明、大规模集成电路、光存储、光通信等许多方面有着广泛的应用。

(1) 有关发光的基本概念

发光:当某种物质受到诸如光的照射、外加电场或电子束轰击等的激发后,只要该物质不会因此而发生化学变化,它总要回复到原来的平衡状态。在这个过程中,一部分多余的能量会通过光或热的形式释放出来。如果这部分能量以可见光或近可见光的电磁波形式发射出来,就称这种现象为发光。

光致发光:用光激发发光体引起的发光现象称为光致发光(photoluminescence,简称 PL)。所发的光称为荧光(fluorescence)。它大致经过吸收、能量传递及光发射三个阶段。光的吸收及发射都发生于能级之间的跃迁,都经过激发态,而能量传递则是由于激发态的运动。

光谱:光的强度随波长(或频率)变化的关系称为光谱。

光谱分类:按照产生光谱的物质类型的不同,可以分为原子光谱、分子光谱、固体光谱;按照产生光谱的方式不同,可以分为发射光谱、吸收光谱和散射光谱；按照光谱的性质，又可分为线状光谱、带状光谱和连续光谱。

光谱分析法：光与物质相互作用引起光的吸收、发射、散射等，这些现象的规律是和物质的组成，含量，原子、分子和电子结构及其运动状态有关的，以测试光的吸收、散射和发射等强度与波长的变化关系（光谱）为基础而了解物质特性的方法，称为光谱分析法。

荧光光谱分析法：利用物质吸收光所产生的荧光光谱对物质特性进行分析测定的方法，称为荧光分析法。荧光分析法历史悠久，进入 20 世纪 80 年代以来，激光、计算机、光导纤维传感技术和电子学新成就等科学技术的引入大大推动了荧光分析理论的进步，加速了各式各样新型荧光分析仪器的问世，使之不断朝着高效、痕量、微观和自动化的方向发展，出现了诸如同步、导数、时间分辨和三维荧光光谱等新的荧光分析技术。

（2）半导体的发光

1）半导体发光的机理

原子在结合成半导体的过程中，分立的原子能级形成了准连续的能带，其中被电子填充的最高的能带称为价带，最低的未被电子填充的能带称为导带，导带和价带之间的空隙称为禁带。当半导体中掺有杂质时，还会在禁带中形成与杂质相关的杂质能级。如图 6-1 所示。

当半导体受到光照而被激发（excitation，简称 Ex）时，半导体中的电子便会从价带跃迁到导带的较高能级，然后通过无辐射跃迁回到导带的最低能级，最后通过辐射或无辐射跃迁回到价带，电子通过辐射跃迁回到价带时所发射（emission，简称 Em）的光即为荧光（fluorescence），其相应的能量为 $h\nu$。以上荧光产生过程只是众多可能产生荧光途径中的两个特例，实际固体中还有许多可以产生荧光的途径，过程也远比上述过程复杂得多。

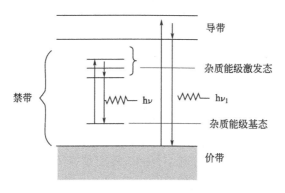

图 6-1　半导体的能带结构图

2）光致荧光光谱的测量

用于测定荧光光谱的仪器称为荧光分光光度计。荧光分光光度计的主要部件有：激发光源、激发单色器（置于样品池前）、发射单色器（置于样品池后）、样品池及检测系统，其结构如图 6-2 所示。荧光分光光度计一般采用氙灯作为光源，激发光经激发单色器分光后照射到样品室中的被测物质上，物质发射的荧光再经发射单色器分光后经光电倍增管检测，光电倍增管检测的信号经放大处理后送入计算机的数据采集处理系统而得到所测的光谱。计算机除具有数据采集和处理的功能外，还具有控制光源、单色器及检测器协调工作的功能。光致荧光光谱包括发射光谱、激发光谱、瞬态光谱、扫描光谱等几种类型，本实验中用到的是发射光谱，它是指固定激发光的波长，测定发射荧光在不同波长处的相对强度分布。

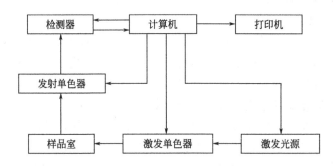

图 6-2　荧光分光光度计结构

（3）ZnO 光致发光光谱

ZnO 是一种典型的受激发可以发光的半导体材料，激发源可以是阴极射线，也可以是激光或短波长的紫外线。使用阴极射线激发 ZnO 发光叫做阴极射线致发光，简称 CL；使用激光或紫外线激发 ZnO 发光即为光致发光（PL）。实际研究中，PL 更为常见和有用。图 6-3 所示为常见 ZnO 纳米结构的室温 PL 谱，从图中可以看出，一般 ZnO 的 PL 谱中包含两个发光峰，分别为紫外发光峰和可见发光峰。这两种发光的发光机制完全不同，一般认为紫外发光是 ZnO 的本征发光，其对应导带电子和价带空穴的直接复合；可见光发光是一种缺陷发光，Kohan 以及 Chris 等人根据第一性原理计算出 ZnO 的六种本征缺陷，即氧空位（V_O）、锌空位（V_{Zn}）、氧间隙（O_i）、锌间隙（Zn_i）、氧反位（O_{Zn}）、锌反位（Zn_O），一些研究小组进一步指出了这些缺陷形成的能级在带隙中的位置，如图 6-4 所示。

在上述理论基础上，本实验通过荧光分光光度计测试并分析 ZnO 粉体

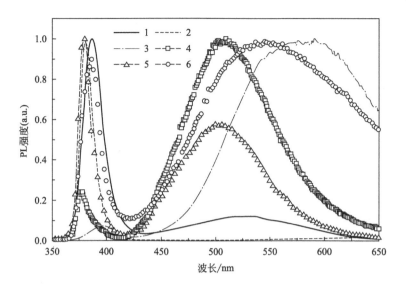

图 6-3　不同纳米结构 ZnO 的室温 PL 谱

1—四针状；2—针状；3—纳米棒；4—壳层结构；5—富面的棒状；6—带状

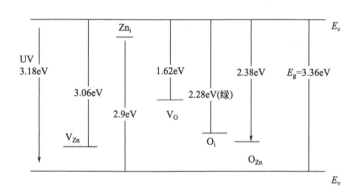

图 6-4　ZnO 薄膜中计算出的缺陷能级示意图（E_c 为导带底，E_v 为价带顶）

的光致发光光谱，深入认识半导体材料的发光特性及其测试方法。由于设备不具有过滤激发光二次衍射峰功能，发射光谱强度会受到光源二次衍射峰的干扰，在分析数据时应注意区分。

3．实验仪器与试剂

实验仪器：970CRT 荧光分光光度计、计算机。

实验试剂：ZnO 粉体。

4. 实验步骤

1）依次开氙灯、主机和计算机。

2）计算机进入自检后开始进入系统初始化，大约 5min 后仪器进入工作状态。

3）工作参数设定（灵敏度、Ex 狭缝、Em 狭缝、扫描速度），通过选择功能菜单选择合适的激发波长和测量方式。

4）将待测样品放入样品池即可进行测量，图谱扫描，无特殊情况不要终止扫描。

5）图谱保存。

5. 注意事项

1）开机步骤：开氙灯电源、开主机电源、开打印机电源、开电脑电源。

2）关机步骤：关电脑电源、关打印机电源、关主机电源、关氙灯电源。

6. 实验报告内容

1）用 Origin 软件绘出 ZnO 的光致发光光谱。

2）分析所测 ZnO 的发光特性，特别是可见光发光可能对应的缺陷类型。

7. 思考题

（1）测试 ZnO 光致发光光谱时，选择激发光波长时应注意什么？

（2）调整激发光波长，观察测试得到的发射光谱有什么变化？为什么会有这种变化？

参考文献

［1］ 张芦元. ZnO 纳米材料的合成与性能研究［D］. 济南：山东大学，2012.

［2］ 徐叙瑢，苏勉曾. 发光学与发光材料［M］. 北京：化学工业出版社，2004.

［3］ Liu B, Fu Z, Jia Y, Green luminescent center in undoped zinc oxide films deposited on silicon substrates［J］. Appl. Phys. Lett.，2001，79（7）：943.

实验7

光电导衰退法测少子寿命

1. 实验目的

1) 理解影响少子（少数载流子）寿命的内在因素。

2) 掌握少子寿命测量的原理和方法。

3) 通过硅单晶非平衡少数载流子（简称少子）寿命测量的实验，使学生直观地从示波器上看到少子的产生和衰退的过程，更深地理解少子的产生和复合消失过程，理解少子寿命的物理含义。

2. 实验原理

少数载流子产生与复合之间的平均时间间隔，称为少子寿命。平衡条件下，N 型半导体中电子的数目远远大于其空穴的数目，因此我们称空穴为少数载流子；同样，在 P 型半导体中，电子是少数载流子。非平衡条件下（加入外场，如强电磁场、光照等），半导体中少数载流子的数目有可能增加，例如：光照能将价带中的一些电子激发到杂质能级或导带中去，使得价带中电子的数目比平衡条件下的多。这种多余出来的少数载流子（非平衡载流子）在半导体物理中具有极其重要的意义，例如：加电压可产生非平衡载流子这一事实的发现直接导致晶体管放大器的发明。事实上，半导体的光电和发光现象都与非平衡载流子的激发和行径密切相关。

(1) 额外载流子密度随时间的衰减规律

一束光在一块 N 型半导体内均匀产生额外载流子 Δn 和 Δp。在 $t=0$ 时刻，光照突然停止。考虑 Δp（额外少数载流子）随时间衰减的过程，假设复合概率 P 为一常数（少注入条件下满足），分析如下。

① 单位时间内额外载流子密度的减少应等于复合，即

$$\frac{\mathrm{d}\Delta p(t)}{\mathrm{d}t}=-P\Delta p(t) \tag{7-1}$$

② 设复合概率 P 是与 $\Delta p(t)$ 无关的恒量，则此方程的通解为

$$\Delta p(t)=C_1\mathrm{e}^{-Pt}+C_2 \tag{7-2}$$

③ 按初始条件 $\Delta p(0)=\Delta p$，于是得衰减式

$$\Delta p(t)=\Delta p\mathrm{e}^{-Pt} \tag{7-3}$$

④ 计算全部额外载流子的平均生存时间（P107），即寿命

$$\bar{t}=\tau=\frac{\int_0^\infty t\mathrm{d}\Delta p(t)}{\int_0^\infty \mathrm{d}\Delta p(t)}=\frac{1}{P} \tag{7-4}$$

⑤ 绘出 $\Delta p(t)$ 曲线，如图 7-1（a）所示，分析可得 $\Delta p(t+\tau)=\frac{\Delta p(t)}{\mathrm{e}}$，这表明了寿命 τ 即为额外载流子浓度减小到原值的 $1/\mathrm{e}$ 所经历的时间。

(2) 用光电导衰退法测量寿命的原理

上述额外载流子浓度衰减可通过半导体上光电导电压的变化反映出来，见图 7-1。图中，限流电阻 R 与直流电源的串联代表一个恒流源。因为流过半导体试样的是恒定电流，试样受均匀光照或突然停止光照而发生的电导率变化必然会通过试样两端的电压变化反映出来。这个变化实际上就对应了额外载流子密度 Δp 的变化，因为 $\Delta V\propto\Delta p$。证明如下。

$$\Delta\sigma=q\Delta p(\mu_n+\mu_p)$$

$$\Delta\rho=-\left(\frac{1}{\sigma_0}-\frac{1}{\sigma}\right)=-\frac{\sigma-\sigma_0}{\sigma_0\sigma}\xrightarrow{\sigma\approx\sigma_0(\text{小注入条件})}\Delta\rho=-\frac{\Delta\sigma}{\sigma_0^2}$$

$$\Delta V\propto\Delta R=\Delta\rho\frac{l}{S}=-\left(\frac{l}{S\sigma_0^2}\right)\Delta\sigma=-\frac{ql(\mu_n+\mu_p)}{S\sigma_0^2}\Delta p\propto-\Delta p$$

本实验所用仪器为 HIK-SCT-5 高频光电导少数载流子寿命测试仪，它是参照半导体设备和材料国际组织 SEMI 标准（F28-75）及国家标准 GB/T 1553 设计制造。该设备采用高频光电导衰减测量方法，适用于硅、锗单晶的少数载流子寿命测量，广泛应用于工厂的常规测量。仪器的控制面板和测量系统电路分别如图 7-2，图 7-3 所示。当给硅单晶样品施加一个脉冲光照，样品被光照射时产生了新的光生电子-空穴对，对于 N 型样品而言空穴即为少子载流子，对 P 型样品的来说电子则是少数载流子，光熄灭后，这些光生载流子被体内重金属杂质形成的深能级所捕获，同时也被表面缺陷中心复合，随着光生载流子的减少，高频源流过样品的电流也在减少，在取样器

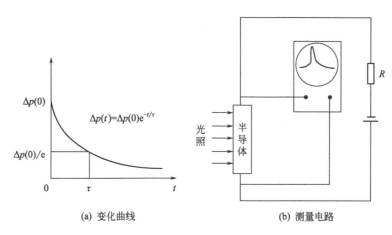

(a) 变化曲线　　　　　　　　　　(b) 测量电路

图 7-1　额外载流子浓度随时间的变化规律

（示波器）上得到的光电导电压 ΔV 按指数方式衰减，衰减规律即为

$$\Delta V = \Delta V_\mathrm{o} \mathrm{e}^{-\frac{t}{\tau}} \tag{7-5}$$

由此可知，光电导衰退时间常数为实验观察到的少子寿命。

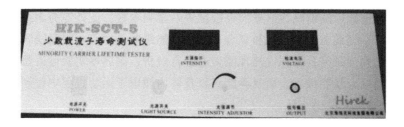

图 7-2　仪器面板图

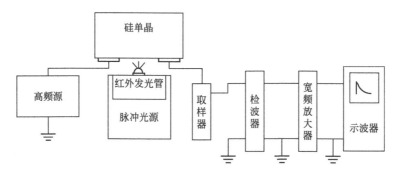

图 7-3　少数载流子寿命高频光电导衰减法测试电路

（3）间接复合寿命理论

小注入状态下：电子寿命 $\tau_n \approx \dfrac{1}{N_T r_n}$，空穴寿命 $\tau_p \approx \dfrac{1}{N_T r_p}$，其中 N_T 为复合中心浓度，r_n、r_p 分别为电子、空穴俘获系数。大注入状态下，以 N 型半导体为例，少子寿命 $\tau \approx \tau_p + \tau_n \left(\dfrac{n_0}{\Delta p} + 1 \right)^{-1}$，其中 Δp 为额外空穴浓度，n_0 为热平衡时电子浓度。当 $\Delta p \gg n_0$ 时，$\tau \approx \tau_p + \tau_n$。

由于硅为间接半导体，其体内主要复合方式为间接复合，因而其少子寿命测量值在小光强下将不随光强的变化而变化，表现为恒定；而光强增大到一定状态后其会随着光强的增加而升高。

少子寿命测量在实际生产中也具有重要作用，它是硅单晶三大电学性能（类型、电阻率、寿命）之一，直接而灵敏地反映硅单晶中重金属杂质的含量。在半导体多晶及单晶生产工艺中，往往使用大量的不锈钢（管道及炉膛），铁是最容易进入原材料的重金属杂质，其次为铜（高频线圈材料），这些杂质的掺入，有的对材料电阻率的影响并不明显，但会大大降低单晶或铸锭多晶的寿命值。寿命值过低将降低太阳能电池的光电转换效率、晶体管的电流放大倍数以及射线探测器的灵敏度等一系列参数。此外寿命测量原理中涉及的非平衡载流子的产生和复合、体内深能级复合中心、表面缺陷复合中心等一系列问题需要用现代物理能带论进行解析，因此本实验可以帮助学生理解深能级、浅能级、表面复合能级以及体内微电子运动过程中碰到的许多深奥理论。

3. 实验仪器与材料

实验仪器：HIK-SCT-5 高频光电导少数载流子寿命测试仪；示波器。

实验材料：单晶硅片。

4. 实验步骤

1）分别接好示波器及少子寿命测试仪的电源线，连接寿命仪至示波器第 1 通道间的信号线。在寿命仪高频电极上各点上一小滴自来水，将测试样块放在两个电极上。

2）打开示波器电源开关，稍后示波屏上会出现一条亮线，示波器面板上的开关、旋钮较多，首先要学会设置示波器和操作同步调节、扫描速度、Y 轴增益等开关。

3）打开寿命仪的电源开关，面板上的两个数字仪表均会有数字显示，打开光源开关，再旋转光强调节旋钮，在听到"叭"的一声后，随着旋钮旋转角度的增加光强指示表的数字会不断增大，一般情况下，只要示波器显示出较清晰、稳定的曲线就不要再增加光强（除非是做光强与寿命测量值关系实验）。寿命仪的开关顺序如下。

① 开：电源→光源开关→光强调节。

② 关：光强调节→光源开关→电源。

③ 寿命仪光强调节开关打开后，示波屏上会出现指数衰减曲线，如果曲线不稳定，可将示波器上的同步选择开关从"自动"改为"正常"并仔细调节同步旋钮直至波形稳定。

④ 读取寿命值，任取光电导衰退曲线上两点 (t_1, V_1)、(t_2, V_2)，其中 $V_2 = V_1/e$，则少子寿命为 $t_2 - t_1$。具体地，选择 CURSORS 光标模式手动测量，进入手动测量界面。如果测量时将波形大小调为 6 格（根据垂直系统微调将信号调至 6 格），按照 6 格计算起止光标位置见下表。

光强电压/V		时间间隔所对应的寿命 τ	光标 CurA	光标 CurB
V_1	V_2			
$40\% V_0$	$14.7\% V_0$		2.4 格	0.9 格

某种单晶硅样品的少子产生-复合曲线如图 7-4 中波形曲线所示，其中左上角的 ΔT 为其寿命值读数。

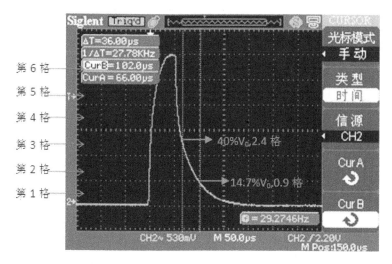

图 7-4　少数载流子产生-复合和示波器上寿命读取

⑤ 调节光强大小，观测不同光强下寿命测量值的变化，完成下表。

光强电压/V	5	10	15	20
寿命 τ				

5．注意事项

1) 特别要注意的是光强调节开关开启后，红外发光管已通入很大的脉冲电流，此时切勿再关或开光源开关，以免损坏昂贵的发光管。光强调节电位器逆时针旋转到关断状态（会听到响声）再关或开光源开关。

2) 实验测试结果会受到实验室杂散光的影响，使用中尽量保持较暗的测试环境。

3) 如果实验室电压波动较大，请加稳压电源后使用本仪器。由于寿命仪电源开关开启瞬间，机内储能电容、滤波电容均处于充电状态，电源打开是一个不稳定的过程，因此示波屏上会出现短时间杂乱不稳的波形，待充电完成后示波屏上出现一条较细的水平线时，寿命仪才进入工作状态。因此使用前请开机预热 2～3min。更换单晶测量时无需再开关仪器。

4) 批量测试时，如发现信号不佳，请先考虑补充两个金属电极尖端的水滴，但注意水滴不要流入出光孔。

5) 长期使用后，铍青铜会氧化变黑，此时如加水也不能改善信号波形，请用金相砂纸（或细砂纸）打磨发黑部分，并将擦下的黑灰用酒精棉签擦净。

6．实验报告内容

1) 阐述光电导少数载流子寿命测试仪的工作原理。

2) 完成实验步骤中的表格，绘出少子寿命和光强的关系曲线。

7．思考题

1) 除了光电导衰退法测量少子寿命，还有其他方法吗？请列举一种并说明它与光电导衰退法相对有什么优缺点。

2) 少子寿命与光强有关吗？

参考文献

[1] Neamen D A. Semiconductor Physics and Devices: Basic Principles [M]. 北京: 清华大学出版社, 1992.

[2] 刘恩科, 罗晋生. 半导体物理学 [M]. 北京: 国防工业出版社, 2007.

[3] 陈治明, 雷天民, 马剑平. 半导体物理学简明教程 [M]. 北京: 机械工业出版社, 2011.

実験8

商品级二氧化钛的光催化性能

1. 实验目的

1）了解光催化反应，分析二氧化钛光催化降解的机理。

2）了解半导体纳米材料在治理环境污染方面潜在的应用价值。

3）掌握光催化原理，熟悉光催化剂的制备、简单表征和催化活性评价方法。

2. 实验原理

光催化以半导体如 TiO_2、ZnO、CdS、WO_3、SnO_2、ZnS、$SrTiO_3$ 等作催化剂，其中 TiO_2 具有价廉无毒、化学及物理稳定性好、耐光腐蚀、催化活性好等优点（图 8-1）。TiO_2 是目前广泛研究、效果较好的光催化剂之一。半导体之所以能作为催化剂，是由其自身的光电特性所决定的。二氧化钛作为最早发现的能分解水和降解有机染料的一种半导体，有着优异的催化性能和化学稳定性，并且对紫外光有很好的吸收性，是目前最为稳定的一种光催化剂。利用二氧化钛降解有机染料有很好的催化效率和效果。

半导体粒子含有能带结构，通常情况下是由一个充满电子的低能价带和一个空的高能导带构成，它们之前由禁带分开。研究证明，当 pH＝1 时锐钛矿型 TiO_2 的禁带宽度为 3.2eV，半导体的光吸收阈值 λ_g 与禁带宽度 E_g 的关系为 λ_g（nm）＝$1240/E_g$（eV），当用能量等于或大于禁带宽度的光（$\lambda < 388nm$ 的近紫外光）照射半导体光催化剂时，半导体价带上的电子吸收光能被激发到导带上，因而在导带上产生带负电的高活性光生电子（e^-），在价带上产生带正电的光生空穴（h^+），形成光生电子空穴对（图 8-2）。空穴具有强氧化性，电子则具有强还原性，光生空穴（h^+）和光生电子（e^-）与溶液中的 O_2 分子和 H_2O 发生反应所生成的活性物种 OH·

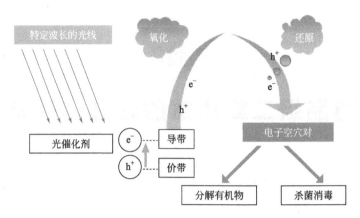

图 8-1 半导体光催化剂催化过程

（羟基自由基）、$O_2 \cdot$（超氧自由基）等，能够降解矿化罗丹明 B（RhB）有机染料，将其分解成 CO_2。目前 TiO_2 光催化技术在环境保护领域越来越受到人们的关注和重视，它对于保护环境、维持生态平衡、节约费用、实现可持续发展具有重要意义。本实验有助于增强学生对环境保护、绿色能源技术的认识，了解绿色能源的新技术手段。

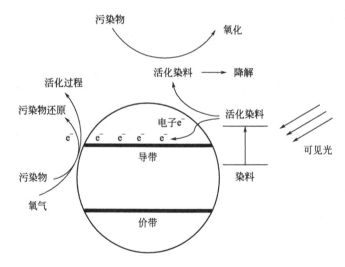

图 8-2 半导体光催化剂光降解染料的本质

3．实验仪器与试剂

实验仪器：紫外可见光分光光度计，光化学反应器。

实验试剂：RhB 染料，商品级二氧化钛。

4．实验步骤

1）配置好浓度为 10mg/L 的罗丹明 B(RhB) 溶液 250mL。

2）取 20mg 商品级二氧化钛放置于光催化反应器的石英试管中，然后加入磁力搅拌子，加入 20mL 配置好的罗丹明 B(RhB) 溶液。

3）将光催化反应器的石英试管置于光化学反应器中，调整好仪器，先暗室搅拌 30min 使二氧化钛在罗丹明 B(RhB) 溶液中到达吸附平衡，然后每隔 30min 取样离心分离，取上层清液放置于紫外可见光分光光度计中，测定溶液的吸光度，完成表8-1，画出吸光度随时间 t 变化的曲线。

4）得到实验数据，分析画图，得出降解曲线。

表 8-1　二氧化钛光催化降解 RhB 的吸光度随时间变化数据表

时间/min	0	5	10	15	20	25	30
吸光度							

5．注意事项

1）实验过程中注意仪器的维护和使用，正确规范操作仪器，获得准确的实验数据。

2）注意观察实验过程发生的现象，注意安全。

6．实验报告内容

1）对实验目的、实验原理、实验所用到的仪器和试剂、实验步骤做简要描述。

2）根据不同时刻罗丹明 B 吸光度的变化，绘制降解曲线。

3）根据空白样品及加入二氧化钛光催化剂吸光度的变化，计算出一定时间内二氧化钛光催化降解罗丹明 B 的降解率。

7．思考题

1）罗丹明 B 溶液的浓度对光催化降解效率有没有影响？

2）商品级的二氧化钛及纳米二氧化钛对罗丹明 B 的降解效率有何异同？

3）光催化降解过程中除了本实验中使用的汞灯光源外，还有没有其他可以使用的光源？

参考文献

[1]　戴博琳，陶红，宋晓锋，等. 不同形态二氧化钛-石墨烯复合材料的表征及光催化性能研究

[J]. 理化检验（化学分册），2016，2：129-135.

[2]　谢贤，黄桂东，郝燕萍，等. 二氧化钛的制备及光催化性能研究 [J]. 北京印刷学院学报，2016，4：74-78.

[3]　周忠诚，李浪，李松林，等. 纳米二氧化钛薄膜的制备及其光催化性能 [J]. 塑料助剂，2016，1：29-32.

实验9

稀土晶态材料的荧光性能

1. 实验目的

1）学习 $Ln(phen)_2(NO_3)_3$ 的制备原理和方法。

2）学会观察和考察稀土基晶态材料的发光现象和荧光性质。

3）了解 Eu、Tb(Ⅲ) 晶态材料发光的基本原理。

2. 实验原理

稀土指位于元素周期表中 B 族的 21 号元素钪（Sc）、39 号元素钇（Y）和 57～71 号镧系元素镧（La）、铈（Ce）、镨（Pr）、钕（Nd）、钷（Pm）、钐（Sm）、铕（Eu）、钆（Gd）、铽（Tb）、镝（Dy）、钬（Ho）、铒（Er）、铥（Tm）、镱（Yb）和镥（Lu）等，共 17 种元素。常用符号 RE 表示。我国盛产稀土元素，储量居世界之首。近年来，稀土的产量也位于世界前列。发展稀土的应用具有很大的资源优势。在稀土化学中，稀土配位化合物占有非常重要的地位。本实验通过合成一种简单的稀土配合物并观察其发光现象，从而获得一些有关稀土配合物的制备及发光性质的初步知识。

稀土离子为典型的硬酸，根据硬软酸碱理论中硬—硬相亲原则，它们易跟含氧或氮等配位原子的硬碱配位体络合。能与稀土离子形成配合物的典型配位体有 H_2O，acac（乙酰丙酮负离子），Ph_3PO（三苯基氧化膦），DMSO（二甲亚砜），EDTA（乙二胺四乙酸），dipy（2,2′-联吡啶），phen（1,10-邻菲咯啉）以及阴离子配位体，如 F^-，Cl^-，Br^-，NCS^- 离子。在 RE(Ⅲ)-氮的配合物中，胺能与 RE(Ⅲ) 形成稳定的配合物，常见的为多胺配合物。典型的多胺配位体有二配位基的 2,2′-联吡啶、1,10-邻菲咯啉和三配位基的三联吡啶等。由这些配位体形成的配合物实例有 $[La(bipy)_2(NO_3)_3]$（十配位）、$[Ln(terpy)_3](ClO_4)_3$（九配位）、$[Ln(phen)_4](ClO_4)_3$（八配位）等。

（1）稀土配合物的合成方法

1）直接反应：稀土盐（REX_3）在溶剂（S）中与配体（L）直接反应或氧化物与酸直接反应。

$$REX_3 + nL + mS \rightarrow REX_3 \cdot nL \cdot mS, REX_3 + nL \rightarrow REX_3 \cdot nL$$
$$RE_2O_3 + 2H_nL \rightarrow 2H_{n-3}RE \cdot L + 3H_2O$$

2）交换反应：利用配位能力强的配体 L' 或螯合剂 Ch' 取代配位能力弱的 L、X 或螯合剂。

$$REX_3 + M_nL \rightarrow RE \cdot L + M_nX_3, REX_3 \cdot nL + mL' \rightarrow REX_3 \cdot mL' + nL$$

也可利用稀土离子取代铵、碱金属或碱土金属离子。

$$MCh^{2-} + RE^{3+} \rightarrow RECh + M^+$$

其中 $M^+ = Li^+$、Na^+、K^+、NH_4^+ 等。

3）模板反应：配体原料在与金属形成配合物的过程中形成配体。如合成稀土酞菁配合物。

稀土的硝酸盐、硫氰酸盐、醋酸盐或氯化物与邻菲咯啉按方法 1）作用时，都可得到 RE 与 phen 数目为 1:2 的化合物。

本实验中，起始原料 Eu_2O_3、Tb_3O_4 与 HNO_3 反应完全蒸干后得到 $Ln(NO_3)_3 \cdot nH_2O$（Ln = Eu、Tb，$n = 5$ 或 6），其在乙醇溶剂中与配体 phen 直接反应，生成产物。反应方程式为 $Ln(NO_3)_3 \cdot nH_2O + 2phen \rightarrow Ln(phen)_2 \cdot (NO_3)_3 + nH_2O$。产物为白色，紫外灯下发出红色荧光。

（2）配合物 $Ln(phen)_2 \cdot (NO_3)_3$ 的发光机理

发光是物体内部以某种方式吸收能量，然后转化为光辐射的过程。对于本实验所合成的发光配合物 $Ln(phen)_2 \cdot (NO_3)_3$，我们可以简要地以图 9-1 来解释能量的吸收、传递和发光过程。首先，配位体 phen 有效地吸收紫外光的能量，电子从其基态跃迁到激发态；由于三价稀土离子 Ln(Ⅲ) 以配位键与 phen 相连，三价稀土离子的激发态与 phen 的激发态能量相匹配，处于激发态的 phen 通过非辐射跃迁的方式将能量传递给 Ln(Ⅲ) 离子激发态；最后电子从 Ln(Ⅲ) 离子激发态回到基态，将能量以光子的形式放出，这就是我们所能看到的发光。在整个过程中，配体 phen 能有效地吸收能量并有效地将能量传递给中心 Ln(Ⅲ) 离子，这对于增强 Ln(Ⅲ) 离子的发光是十分重要的，人们把发光配合物中配体的这种作用比喻为"天线效应"。通过本实验学生可以了解稀土晶态网络材料的结构调控及其作为光致发光材料在实际中的应用。

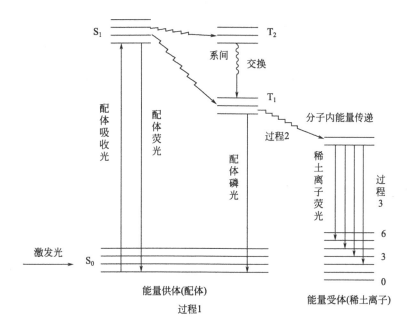

图 9-1 稀土配位聚合物分子内能力传递过程

3. 实验仪器与试剂

实验仪器：分析天平等常规仪器。

实验试剂：Eu_2O_3（99.99%），Tb_3O_4（99.99%），1，10-邻菲咯啉（phen）（AR），HNO_3（体积比 1:1），无水乙醇（AR）。

4. 实验步骤

(1) $Eu(phen)_2 \cdot (NO_3)_3$ 制备

1) 固体 Eu_2O_3 的溶解：称取固体 Eu_2O_3 0.050mmol（0.0176g）于 50mL 烧杯中。在搅拌下，加入稍过量的 HNO_3 溶液（体积比 1:1）使其溶解。可在 60~70℃ 水浴上加热以加快溶解速度。溶解得到澄清透明溶液。若加热后还有少许不溶物，则过滤除去。

2) $Eu(NO_3)_3 \cdot nH_2O$ 溶液的制备：将溶液转移至蒸发皿中，水浴加热，将溶液蒸发至干（约需 2h），得固体 $Eu(NO_3)_3 \cdot nH_2O$（$n=5$ 或 6）。将固体置于紫外灯下观察硝酸铕发出的微弱红光。加入 3mL 无水乙醇使固体溶解，得反应液 A。

以上两步均需在通风橱中进行。

3) phen 溶液的制备：在 10mL 烧杯中称取固体 phen 0.02mmol（0.0396g），加入 3~5mL 无水乙醇使其溶解。若有不溶物则过滤除去，并用 1~2mL 无水乙醇淋洗滤纸，得反应液 B。

4）产物 $Eu(phen)_2 \cdot (NO_3)_3$ 的制备：在搅拌下，将 A 慢慢加入到 B 中，有白色沉淀生成，此沉淀即为产物 $Eu(phen)_2 \cdot (NO_3)_3$。继续搅拌 1~2min 使反应充分进行。抽滤分离出固体产物。以每次 1mL 无水乙醇洗涤产物两次后，将产物转入表面皿中，红外灯下烘干。

(2) $Tb(phen)_2 \cdot (NO_3)_3$ 制备

方法与 $Eu(phen)_2 \cdot (NO_3)_3$ 的制备方法相似，只是将 Eu_2O_3 换成 Tb_3O_4（物质的量为 0.025mmol）。

(3) $Ln(phen)_2 \cdot (NO_3)_3$ 的发光性质

将干燥的稀土铕和铽的产物置于紫外灯下，可见产物分别发出明亮的红色和绿色的荧光。在荧光光谱仪上测定产物的荧光光谱，并完成表 9-1。

表 9-1　$Ln(phen)_2 \cdot (NO_3)_3$ 的发光性质

发射峰/nm				
发光强度				
发射机理				

5. 注意事项

1）溶解 Eu_2O_3 和 Tb_3O_4 时，为什么不宜加入过多的 HNO_3 溶液？

2）为什么要将稀土的硝酸盐溶液蒸干？

3）本实验中有哪些操作是用以保证产物纯度的？

4）本实验中使用非水溶剂的优点有哪些？

6. 实验报告内容

1）对实验目的、实验原理、实验所用到的仪器和试剂、实验步骤做简要描述。

2）铕配合物的荧光光谱，固体配合物的荧光光谱。

3）对稀土配位化学的荧光机理进行简单的讨论。

7. 思考题

1）通过对稀土晶体材料荧光的测定，试比较其与稀土无机盐的发光有何区别。

2）对给定稀土离子其发射光谱峰位置的指认，其机理如何解释？

参考文献

［1］ 刘威. 稀土微孔晶体材料的高温高压合成及荧光性质的研究［D］. 长春：吉林大学，2015.

［2］ 杜静静. 功能化金属有机框架材料的设计、合成与性质研究［D］. 长春：吉林大学，2015.

［3］ 燕映霖. 表面活性剂对稀土发光材料形貌性能影响的研究［D］. 西安：西安建筑科技大学，2014.

实验10

SnO₂/ZnO复合材料气敏性能测试

1. 实验目的

1）熟练掌握如何制备 SnO_2/ZnO 复合材料。

2）熟练测试 SnO_2/ZnO 复合材料对甲醇、乙醇和乙醚等气体的气敏性能。

2. 实验原理

ZnO、SnO_2 是常用来制作气敏传感器的两种材料。将其制成纳米颗粒后，表面体积比的增大使其性能优于传统的半导体气敏传感器，为更快速、准确地测定气体存在与否及气体浓度大小提供了可能。目前，对于这几种材料在甲醇、乙醇和乙醚等气体中的最佳工作温度、灵敏度与响应-恢复时间的对比研究还比较少。二者带隙和晶体结构具有相关性，因此 SnO_2/ZnO 复合结构气敏材料值得研究。当被测气体在该半导体表面吸附后，引起其电学特性（例如电导率）发生变化，从而通过仪器的检测和信号放大，使得我们能够发现气体对半导体内部电导率的改变。气敏元件的灵敏度是表征气敏元件对于被测气体的敏感程度的指标。它表示气体敏感元件的电参量（如电阻型气敏元件的电阻值）与被测气体浓度之间的依从关系。一般是用电阻比灵敏度 $S=R_a/R_g$ 表示，R_a 和 R_g 分别为气敏元件在空气中和被测气体中的电阻值。

本实验有助于学生了解有毒易燃物质的检测原理，增强环保意识。

3. 实验仪器与试剂

实验仪器：气敏测试仪器、磁力搅拌器、马弗炉、恒温烘箱。

实验试剂：氨水（$NH_3 \cdot H_2O$）、$SnCl_4 \cdot 5H_2O$、$Zn(NO_3)_2 \cdot 6H_2O$。

4．实验步骤

1）将金属盐 $SnCl_4 \cdot 5H_2O$ 和 $Zn(NO_3)_2 \cdot 6H_2O$ 按照摩尔比 6：4 加入到 35mL 的去离子水中，搅拌直至溶解。且使得形成溶液中（Sn^{4+} ＋ Zn^{2+}）的浓度为 0.2mmol/L。

2）加入一定浓度的氨水，调节溶液 pH 值为 8。

3）将形成的悬浊液在自然条件下老化 24h，用水和乙醇离心洗涤 3 次，以除掉 Cl^- 离子。再将样品在 80℃下干燥，将样品收集。

4）将干燥后的样品用马弗炉在 600℃空气的条件下热处理 4h。

5）将样品涂在陶瓷管上，并在 80℃下老化一段时间，焊接电极，然后测试样品的气敏性能。

5．注意事项

1）实验过程中注意仪器的维护和使用，正确规范操作仪器，获得准确的实验数据。

2）注意观察实验过程发生的现象，注意安全。

6．实验报告内容

1）对实验目的、实验原理、实验所用到的仪器和试剂、实验步骤做简要描述。

2）选择不同的老化温度，对器件电阻的稳定性进行考察，以甲醇、乙醇及乙醚为介质，测试材料对不同气体的电阻变化值，利用其与空气中稳定时的电阻之比，来计算器件对不同气体的响应传感性能。

7．思考题

1）不同比例的二氧化锡与氧化锌复合，对目标气体的响应性能有何影响？

2）测试过程中，如何确定器件的老化温度和老化时间？

参考文献

［1］ 张亚彬.CuO-ZnO 复合体系异质结材料制备及其气敏性能［D］：天津：天津理工大学，2014.

［2］ 张海珍.氧化铜、氧化亚铜材料的制备表征及气敏性能研究［D］.长沙：中南大学，2013.

［3］ 李宏斌.CuO 和 TiO₂ 微/纳米材料的制备、表征及性质［D］.天津：天津理工大学，2013.

実験11

电催化析氢电极修饰及性能测试

1. 实验目的

1）掌握电解水产氢的原理及玻碳电极的校准方法。

2）了解析氢反应（HER）电催化剂的电流密度、过电势、塔菲尔斜率、稳定性、法拉第效率、周转频率的意义。

3）掌握用循环伏安法及线性扫描循环伏安法表征电催化剂电催化析氢性能的方法。

4）掌握将线性扫描循环伏安转换为塔菲尔斜率处理方法。

2. 实验原理

(1) 电解水产氢

水（H_2O）被直流电电解生成氢气和氧气的过程被称为电解水。如图 11-1 所示，电流通过 H_2O 时，在阴极通过还原水形成氢气（H_2），在阳极则通过氧化水形成氧气（O_2）。氢气生成量大约是氧气的两倍。电解水是取代蒸汽重整制氢的下一代制备氢燃料方法。

电解水总的反应为 $\quad 2H_2O \xrightarrow{\text{通电}} 2H_2 + O_2 \uparrow$

在酸性溶液中，

$$\text{阴极 } 2H^+ + 2e^- \rightarrow H_2 \qquad \text{阳极 } H_2O \rightarrow 2H^+ + \frac{1}{2}O_2 + 2e^-$$

在中性或碱性溶液中，

$$\text{阴极 } 2H_2O + 2e^- \rightarrow H_2 + 2OH^- \qquad \text{阳极 } 2OH^- \rightarrow H_2O + \frac{1}{2}O_2 + 2e^-$$

可用于电催化产氢电极的催化材料很多，包括铂、碳材料、过渡金属碳化物、过渡金属氮化物、过渡金属硫化物、过渡金属硒化物、导电高分子、

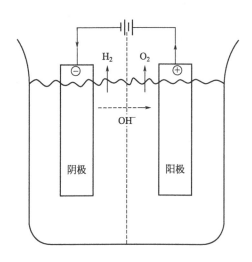

图 11-1　电解水制氢工作原理

金属合金、复合材料等。其中铂金属因具有良好的化学稳定性、优异的电催化活性和导电性，常作为其他材料的参考对比。

（2）评价电解水析氢电催化剂性能的实验手段

为了评价 HER 电催化剂的催化活性，有一些重要的参数需要测量或计算。它们主要包括总电极活性、塔菲尔图、稳定性、法拉第效率以及周转频率。

1）总体电极活性

一般通过循环伏安法（CV）或线性扫描伏安法（LSV）评估总体电极活性。因为非法拉第电容电流可能构成观察到的总电流的某一部分，特别是对于那些含碳催化剂，只能从 CV 或 LSV 的结果得到一个初步评估材料的电催化活性。

2）塔菲尔（Tafel）曲线

Tafel 曲线考察了对不同超电势稳态电流密度的依赖性。一般来说，超电势（η）与电流密度（j）对数相关。Tafel 图的线性部分拟合到 Tafel 公式

$$\eta = a + b\lg j$$

式中 b 为塔菲尔斜率。从 Tafel 公式，可以得到 Tafel 斜率（b）和交换电流密度（j_0）这两个重要参数。b 值一般与催化机理的电极反应有关，而 j_0（当 η 假定为零时对应的电流密度值）代表电极材料的固有催化活性平衡条件。在实际应用中，人们往往期望电催化材料具有高 j_0 值和低的塔菲尔

斜率（b）。通过 LSV 曲线经过一系列的换算可得到电催化材料的 Tafel 曲线。也可以通过电化学工作站配套的软件进行处理直接测得。

3）稳定性

考虑到 HER 催化剂主要在强还原环境下（pH 为 0 或 14）工作，因此，HER 催化剂的催化稳定性是至关重要的。通常有两种方法表征 HER 催化剂的电催化稳定性。

① 测量随时间的电流变化（即 I-t 曲线）。对于这种测量，最好设置 a 电流密度大于 $10mA/cm^2$ 下测试较长时间（时间＞10h）；

② 进行反复扫描 CV 或 LSV 的实验。循环次数应大于 5000 次以证明材料的稳定性。

4）法拉第效率

法拉第效率描述了参与电化学系统中的所需反应电子参与效率。对电催化析氢反应的法拉第效率定义为实验检测的 H_2 量加到理论 H_2 量比例，这可以从 100％法拉第产率的电流密度计算得出。

5）周转频率

周转频率（TOF）被定义为单位催化位点单位时间转化为所需产物的反应物的数量，其可以表现出各自的内在活性催化位点。然而，对于许多固态（非均相）催化材料获得精确的 TOF 值是非常困难的，例如 HER 纳米催化剂，一般可以通过电化学的方法测量 CV 来估算参与 HER 反应的实际活性位点数（单位为 mol），然后用催化电流除以活性位点数即得到 TOF；或者可以通过催化剂材料的微观形貌，来估算比表面积，以估算参与反应的活性位点数。

3．实验仪器与试剂

实验仪器：CHI660E 电化学工作站；饱和甘汞电极、Pt 丝电极、玻碳电极（3mm）。

实验试剂：商业 20％ Pt/C；硫酸，铁氰化钾，氯化钾，萘酚溶液（除萘酚溶液外，其余试剂均为分析纯）。

4．实验步骤

（1）校准工作电极

1）配制 1mmol/L 的铁氰化钾及 0.1mol/L 的 KCl 混合溶液 30mL 于电解池中。

2）用一定粒度的 α-Al_2O_3 粉在抛光布上进行抛光。抛光后先洗去表面污物，再移入超声水浴中清洗，每次 2～3min，重复 3 次，直至清洗干净。

最后用乙醇、稀酸和水彻底洗涤，得到一个平滑光洁的、新鲜的电极表面。

　　3）安装三电极系统。以裸电极（玻碳电极）为工作电极、Pt 片为辅助电极、饱和甘汞电极（SCE）为参比电极，将三电极浸入校准溶液中，再将工作电极（WE）、辅助电极（CE）和参比电极（RE）分别与电化学工作站的绿色、红色和白色夹具相连。如图 11-2 所示。

图 11-2　实验室三电极系统电解水制氢实物照片

　　4）打开电化学工作站 CHI660E 绿色开关，预热 10min，并打开对应软件，进行循环伏安法测试。参数设置一般如图 11-3 所示。

　　5）如得到如图 11-4 所示的曲线，其阴、阳极峰对称，两峰的电流值相等（$i_{pc}/i_{pa}=1$），峰峰电位差 ΔE_p 约为 60mV（理论值约 59mV），即说明电极表面已处理好，否则需重新抛光，直到达到要求。

（2）修饰工作电极

　　准确称取 4mg 商业 20% Pt/C 加入到 0.2mL 萘酚溶液与 1.8mL 去离子水的混合溶液中（萘酚溶液：去离子水 = 1:9），超声处理 30min 使之完全分散后得到浓度为 2mg/mL 的悬浮液。然后用移液枪移取 5μL 的上述悬浮液，滴加至玻碳电极表面。在 70℃真空干燥后，即可获得 20%Pt/C 修饰的

Cyclic Voltammetry Parameters ✕

Init E (V) .... -0.6   OK

High E (V) .... 0.8   Cancel

Low E (V) .... -0.6   Help

Final E (V) 0.8

Initial Scan Polarity........ Negative ▾

Scan Rate (V/s) 0.1

Sweep Segments 2

Sample Interval (V) 0.001

Quiet Time (sec) 2

Sensitivity (A/V) .... 1.e-004 ▾

☐ Auto Sens if Scan Rate <= 0.01 V/s

☐ Enable Final E

☐ Auxiliary Signal Recording

图 11-3　校准电极 CV 参数设置

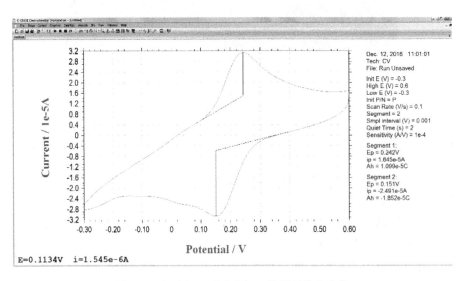

图 11-4　裸电极（玻碳电极）的循环伏安曲线

玻碳电极，随后进行电催化性能测试。

(3) 析氢测试

将修饰好的玻碳电极按上述步骤安装三电极系统，在电解池中通入 N_2 持续 30min，首先在 $-1.0\sim1.0V$ 范围内 CV 活化至少 100 周，主要参数设置如图 11-5 所示。

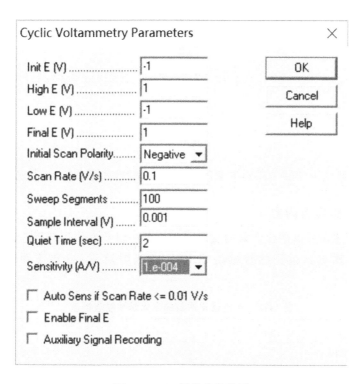

图 11-5 CV 活化参数设置

活化完毕后，进行 LSV 曲线 2000 周测试。如图 11-6 即为商业 20%Pt/C 修饰的玻碳电极的线性扫描循环伏安曲线。

5. 注意事项

1）萘酚与局部皮肤接触可引起脱皮，甚至产生永久性色素沉着，使用时应注意避免与皮肤接触。

2）饱和甘汞电极用完后立即用去离子水冲洗掉表面的电解质溶液，冲洗过程中要防止电解质溶液反渗到电极内部，冲洗后将该电极避光保存在饱和 KCl 溶液内。

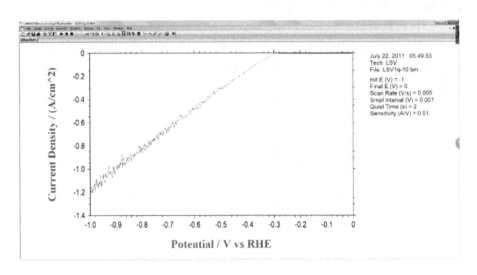

图 11-6 商业 20％Pt/C 修饰的玻碳电极的线性扫描循环伏安曲线

6. 实验报告内容

1）阐述表征电催化产氢的实验原理、方法以及电催化剂活性评估手段。

2）根据测试得到的数据绘制 LSV 曲线图及 Tafel 斜率图，并完成表 11-1。

表 11-1 Pt 电催化产氢的电化学性能数据表

样品	$j_0/(mA/cm^2)$	Tafel 斜率/(mV/dec.)	η_{10}/mV
商业 20％Pt/C			

注：η_{10} 为电流密度为 10mA/cm² 时的过电势。

7. 思考题

1）析氢测试前通 30min N_2 的意义是什么？CV 活化的意义是什么？

2）评价 HER 催化剂性能是否优良的主要参数是什么？

参考文献

[1] Zou X X, Zhang Y. Noble metal-free hydrogen evolution catalysts for water splitting [J]. Chem. Soc. Rev. , 2015, 44: 5148-5153.

[2] Asif M, Guo W H, Hassina T, et al. Metal-Organic Framework-Based Nanomaterials for Electrocatalysis [J]. Adv. Energy Mater. , 2016, 6: 1600423-1600427.

[3]　Jiao Y, Zheng Y, Jaroniec M, et al. Design of electrocatalysts for oxygen-and hydrogen-involving energy conversion reactions [J]. Chem. Soc. Rev., 2015, 44: 2060-2086.

[4]　Li J S, Wang Y, Liu C H, et al. Coupled molybdenum carbide and reduced graphene oxide electrocatalysts for efficient hydrogen evolution [J]. Nat. Commun., 2016, 7: 11204-11207.

[5]　Feng J, Xie Y. Transition metal nitrides for electrocatalytic energy conversion: opportunities and challenges [J]. Chem.-Eur. J., 2016, 22: 3588-3598.

[6]　Tang Y J, Wang Y, Wang X L, et al. Molybdenum disulfide/nitrogen-doped reduced graphene oxide nanocomposite with enlarged interlayer spacing for electrocatalytic hydrogen evolution [J]. Adv. Energy Mater., 2016, 6: 1600116-1600120.

实验12

光催化分解水制氢性能测试

1. 实验目的

1）了解光催化分解水制氢的基本原理。

2）了解光解水制氢系统以及气相色谱的基本操作。

2. 实验原理

（1）TiO₂ 光催化分解水制氢的原理

氢能被认为是一种理想的绿色能源。由于水和阳光是自然界中资源最丰富、使用成本最低廉的物质，光催化分解水制氢正成为光催化和氢能源领域的研究热点。与 CdS、SiC 等其他可用于光催化分解水制氢的半导体相比，TiO₂ 具有价廉、无毒、化学与光化学性能稳定和使用寿命长的优点。自 Fujishima 等于 1972 年提出利用光照 TiO₂ 分解水制氢以来，人们对这一领域的研究从未中断过。然而，迄今利用电解水（不只是光照 TiO₂ 分解水制氢）制备的氢，还不到商品氢的 5％，其中，光电转换效率太低是造成 TiO₂ 光催化分解水制氢不能商业化的主要原因。TiO₂ 光催化分解水的机理可用图 12-1 说明。当入射光能量等于或大于半导体带隙（E_g）时，电子受激，从价带进入导带，形成光电子，而空穴则留在价带中。其中，大部分光生电子和空穴以发光或放热的形式在半导体体相或在表面复合，部分光生电子迁移到半导体表面，和空穴一起分别还原和氧化吸附在 TiO₂ 表面的 H₂O，生成 H₂ 和 O₂。因此，延迟光生电荷复合速率或提高光生电子和空穴的迁移速率是提高光电转换效率的有效途径。由于光生电子和空穴复合速率很快（几皮秒以内），导致 TiO₂ 光催化电解纯水制氢的效率极低。通过在水中添加供电子物质，消耗掉迁移到 TiO₂ 表面的部分光致空穴，可以减少光生电荷复合的概率。最常用的添加物质是有机化合物，如甲醇、甲醛、甲酸、草酸、乙醇胺等，加入电子给体，通过清除 TiO_2 表面的光生空穴提高光催化放氢活性。此外，引入合适的助催化剂，使光生电子发生转移，也能够有效促进电子和空穴的分离。

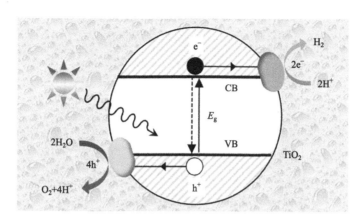

图 12-1　TiO_2 光催化分解水制氢示意图

但是 TiO_2 带隙（E_g：锐钛矿型，3.23eV，384nm；金红石型，3.02eV，410nm）较宽，仅能吸收占自然光 4% 的紫外光，选用合适的修饰方法降低带宽，使其吸收占自然光 50% 的可见光，仍是实现 TiO_2 催化光解水制氢的商业化的关键。

（2）LABSOLAR-Ⅱ 光解水制氢系统

LABSOLAR-Ⅱ 是国内较早实现的商业化光解水制氢系统，如图 12-2 所示。集成了光源、反应器及玻璃管路体系、取样系统、气体循环、真空环境等多种设计技术和制造技术，结合气相色谱仪器，可以完成高能量密度光照、反应、气体在线连续取样、分析的科研工作，为我国的能源、材料等战略性研究的发展做出了重要贡献。该系统包括光源、反应器、循环管路系统、真空系统、电磁玻璃柱塞及控制器、取样装置等。与气相色谱仪连接后，即可实现在线取样及分析。

LABSOLAR 光解水制氢系统特点：

① 真空进样，进样系统与真空环境无缝对接，保证进样时的气密性，还可手动进样制作氢气标样的标准曲线。

② 在线检测，气体在线收集系统稳定，真空环境定量取样，使检测数据更准确。

③ 系统兼容性强，除用于本实验外，还可做光催化电解水、二氧化碳制甲醇、光降解等。

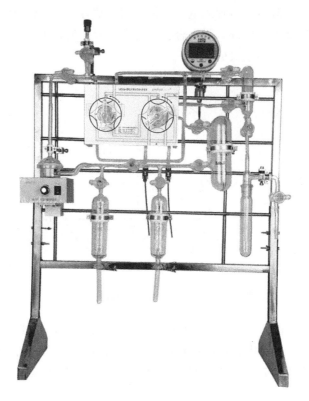

图 12-2 LABSOLAR-Ⅱ光解水制氢系统

④ 操作便捷，即装即用，采样、取样、检测仅需转动几个阀门，最大化简化实验过程。

⑤ 占地面积小，680mm×450mm×980mm 的大小，置于试验台或地面都可以使用。

(3) LABSOLAR-Ⅱ连接气相色谱定量检测氢气

气相色谱（gas chromatography，GC）是一种分离技术。实际工作中要分析的样品往往是复杂基体中多组分混合物。对含有未知组分的样品，首先必须将其分离，然后才能对有关组分进行进一步的分析。混合物的分离是基于物理化学性质的差异，GC 主要是利用物质的沸点、极性及吸附性质的差异来实现混合物的分离。待分析样品在汽化室汽化后被惰性气体（即载气，一般是 N_2、He 等）带入色谱柱，柱内含有液体或固体固定相，由于样品中各组分的沸点、极性及吸附性能不同，每种组分都倾向于在流动相和固定相之间形成分配或吸附平衡。但是由于载气是流动的，这种平衡实际上很难建立起来，也正是由于载气的流动，在样品组分的运动中进行反复多次的分配和吸附/解附，结果在载气中分配浓度大的组分先流出色谱柱，而在固定相中分配浓度大的组分后流出。当组分流出色谱柱后，立即进入检测器，检测器能够将样品组分的存在与否转变为电信号，而电信号的大小与被测组分的量或浓度成比例。

利用色谱流出曲线可解决的问题：①根据色谱峰位置（保留值）进行定性鉴定；②根据色谱峰面积或峰高进行定量测定；③根据色谱峰位置及宽度，可对色谱柱分离情况进行评价。

本实验室氢气标准曲线方程为：

$$A = 1331.647827 + 53882.546875W$$

式中，A 为峰面积；W 为氢气的体积（mL）。

以图 12-3 测试结果为例，色谱峰位置为 2.203min 为氢气，峰面积为50634.9。代入上述公式算出氢气的体积为 0.915mL。

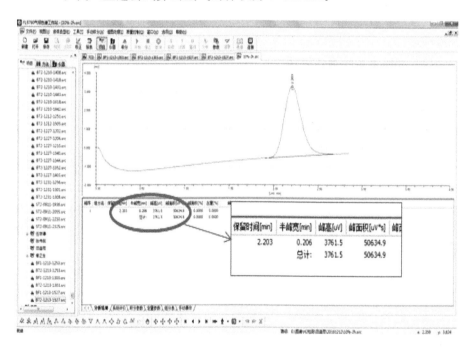

图 12-3 气相色谱测试结果

3. 实验仪器与试剂

实验仪器：LABSOLAR-Ⅱ光解水制氢系统。

实验试剂：P25（商业二氧化钛）、甲醇、氯铂酸溶液（10mg/mL）、去离子水。

4．实验步骤

(1) 保压测试

实验开始前，必须对系统进行保压测试。测试通过后才可以进行实验。

(2) 样品准备

将样品催化剂（80mg）、甲醇（20mL）、去离子水（60mL）、5滴氯铂酸溶液等装入反应器中，放入磁力搅拌子，加上石英平板，连接系统。打开冷水机，设置冷却水循环。

(3) 系统抽真空

抽真空分为2个步骤。

步骤一，循环管路抽真空：开启真空泵后，从连接真空泵最近的阀门开始，逆时针旋动每个阀门，每个阀门旋转4~5圈即可。

步骤二：完成步骤一后，等冷水机温度达到设置温度时，反应器抽真空，缓慢打开右边球冷的阀门开始抽反应器真空。直到液面平静。关闭平衡分流阀。

(4) 光解水系统操作流程

系统控制面板详细操作流程主要分为四个状态：AD—BD—BC—AC。

AD为抽真空状态：在实验开始前，调整为AD状态，此时AB阀的红色管路保持通畅，CD阀的绿色管路保持通畅，此时依次连接，可以看到AD状态将面板中各色管路全部抽真空。

BD为采样状态：转动AB阀，调整为BD状态，此时循环管路的气体将通过定量环，定量环中的气体成分显示了整个循环管路的气体成分。CD阀管路不变，外环、内环、真空杯维持抽真空状态。在实验开始时打开光源（此时开始计时），将面板调整到这个状态，采样持续到进样状态，气体能够循环均匀。

BC为载气准备状态：转动CD阀，调整为BC状态，这时我们看到连接载气的管路气体进入内环和外环，此时由于载气流发生波动，在色谱端看到基线，此时会出现一个倒峰（倒峰会影响样品峰积分，所以等待基线平稳才能进样）。此状态最好维持5~15min。

AC为进样状态：到达检测时间，转动AB阀，调整为AC状态，此时可以看到载气经过定量环。定量环内的气体输送到色谱内。此时，按下色谱的开始键。此状态持续到所有峰出现。

采集完成，按下停止采集按钮，将阀调整为AD抽真空状态，维持1min，然后拧阀塞至BD状态，进入采样状态，此时为下一次进样准备状态。

5．注意事项

1）系统必须专人专用，使用时遵循"大胆""小心"的原则。

2）每次实验，必须确保载气打开并且压力足够，才能加电流。

3）每次实验做完后，要把反应器拆卸下来，清洗干净，放在安全位置保存。

4）色谱必须先将电流降至 0，降温后才能关闭色谱电源。

5）实验开始流程：检查系统气密性→开冷水机→开真空泵→开磁控气泵→抽系统管路真空→开载气→开电脑→开气相色谱仪→开色谱工作站→升温→加电流→安装反应器→反应器抽真空（温度达到设定值）→关闭缓冲瓶接循环管路阀门及球冷阀门中间阀门→开光源→开始实验。

6）实验完成关闭流程：关光源→关冷水机→关磁控气泵→断电流→降温→放空系统→卸反应器→负压保存→关气相色谱仪（温度降至设定值）→关色谱工作站→关电脑→关载气→关真空泵→实验结束。

6．实验报告内容

1）阐述光催化分解水制氢的基本原理。

2）根据标准曲线计算出 TiO_2 的产氢速率。

7．思考题

如何提高二氧化钛的光利用率？

参考文献

[1]　Chen X, Mao S S. Titanium Dioxide Nanomaterials: Synthesis, Properties, Modifications, and Applications [J]. Chem. Rev. , 2007, 107: 2891-2959.

[2]　Fujishama A, Zhang X, Tryk D A. TiO_2 photocatalysis related surface phenomena [J]. Surf. Sci. Rep. , 2008, 63 (12): 515-582.

[3]　Yang H G, Sun C H, Qiao S Z, et al. Anatase TiO_2 single crystals with a large percentage of reactive facets [J]. Nature, 2008, 453 (7195): 638-641.

[4]　Williams G, Seger B, Kamat P V. TiO_2-graphene nanocomposites UV-assisted photocatalytic reduction of graphene oxide [J]. ACS Nano, 2008, 2: 1487-1491.

氧还原催化剂性能测试

1. 实验目的

1) 了解氧还原反应的重要性。

2) 熟悉氧还原反应常用的催化剂系统。

3) 掌握氧还原催化剂性能测试的一般方法。

2. 实验原理

氧电极反应是实际电化学反应中的一类重要反应。发生在不同电极材料上的氧电极反应可分为阴极氧还原反应（有时称"吸氧"反应）和阳极氧析出反应（常简称"析氧"反应）。比如，在用电解水和阳极氧化法制备高价化合物工作中，析氧反应可能是主要反应或难以避免的副反应；在各类金属空气电池和燃料电池中，阴极或者正极反应几乎总是氧的还原反应；在金属腐蚀与防护工作中，吸氧腐蚀是一种重要的腐蚀类型，在阴极上发生的氧还原反应常常是阳极金属溶解（金属被氧化）的共轭反应；在电镀工作中，阴极是金属的电沉积（金属离子被还原成原子，并在电极表面沉积），而对应的阳极则可能是析氧反应（含氧化学物种被氧化生成氧气而析出）；Fenton反应机理中，关键步骤是在 Fe^{2+} 离子的激活和传递下，保持链反应维持至 H_2O_2 耗尽，中间体 $HO\cdot$ 和 $HO_2\cdot$ 等自由基降解有机物时，$HO_2\cdot$ 和 H_2O_2 反应生成氧气析出；在细胞线粒体中，可能是按电化学历程实现的氧气还原反应，对生命体内的能量转化起着非常重要的作用，等等。

关于氧还原反应的机理，由于反应涉及 O—O 键断裂和 4 个电子及 2～4 个质子的转移，可能有各种反应历程和机理，有时氧电极反应历程达 10 余种，考虑到不同的控制步骤，则有超过 50 种可能的反应机理设计方案。要明确确定任何一种反应历程都是很困难的。在反应机理研究中，大都着重于分析最基本的反应类型，最主要的就是反应的"两电子途径"与"四电子途径"。两电子途径包含直接和间接两种类型，直接型是指全部反应中转移的电子数为2，氧还原产物为 H_2O_2；间接型是指整个反应由两个两电子反应串联而成的"串联反应"，即第一个两电子反应生成的 H_2O_2 在随后的反应中，通过两电子过程还原成水（酸性介质中）或 OH^- 离子（碱性介质中）。后者也可看成是四电子途径之一。直接四电子途径实际上是系列连串反应组成的，反应过程中也涉及吸附中间产物的形成，与间接两电子途径的根本区别在于电解质溶液中是否产生过氧化物中间体。在反应历程中，不可检测出过氧化氢，则可认为是氧连续得到四个电子而还原成水或 OH^- 离子，属于直接四电子途径。显然，在反应中能否检测出过氧化氢与所用检测方法有关。其中的过氧化氢常用的检测方法是用旋转盘环电极法。

从能量转换角度看，两电子途径的氧还原反应是不利的。对燃料电池中的氧还原反应而言，只有通过四电子途径才能提供足够的电流，是所期望的反应途径。氧还原反应是两电子还是四电子途径，取决于氧与电极表面的作用方式，电催化剂的选择是左右两电子或四电子途径的关键。在洁净的 Pt 表面或某些催化剂体系表面上氧主要按直接四电子途径发生还原反应，这是这些物质可以作为燃料电池阴极催化剂的原因之所在。

在氧还原电催化剂研究方面，经历了一个从纯贵金属到贵金属合金，再到非贵金属及其合金或者配合物的发展过程，这个过程体现了从追求催化还原效率到保证催化效率的同时尽力降低催化剂成本的研究思路。对催化氧还原反应有效的贵金属有 Pt、Pd、Ru、Rh、Os、Ag、Ir、Au 等。提高催化剂使用效率的常用途径：一种是将贵金属纳米化，以降低其使用量，常用的办法是用载体分散纳米颗粒，防止其团聚；另一种是引入有助催化作用的金属使之合金化，降低贵金属使用量同时提高催化性能；也有进一步去合金化的工作，以改善贵金属的表面性能。在对贵金属催化作用机制进行计算机辅助模拟和计算的指导下，利用非贵金属替代贵金属的研究工作，是找到媲美贵金属催化性能且有效降低氧还原催化剂成本的有效途径，如选用过渡金属配合物或氧化物作为氧还原催化剂。

3. 实验仪器与试剂

实验仪器：电化学工作站，玻碳（GC）电极，饱和甘汞电极（SCE），Pt 片，移液枪，磁力搅拌器，磁力搅拌子。

实验试剂：Pt/C（质量分数 20%），$HClO_4$，Nafion 溶液（质量分数 5%），$\alpha\text{-}Al_2O_3$（0.05μm），O_2。

4. 实验步骤

(1) 工作电极 (Pt/C) 的制备

工作电极为 GC 表面修饰 Pt/C 后的电极。制备方法如下：①取适量的 α-Al$_2$O$_3$（0.05μm）于抛光布上，滴加适量二次蒸馏水；②GC 电极在抛光布上顺时针或者逆时针单向研磨 5min，反复超声清洗至镜面状态；③用移液枪移取一定量的质量分数 20% Pt/C 乙醇分散液滴于玻碳电极表面（控制 Pt/C 的载量约为 15μg/cm^2），室温下晾干；④移取 10μL 质量分数 0.5% 的 Nafion 溶液于干燥后的 Pt/C 表面，自然晾干。

(2) 电化学测试实验装置

电化学测试在电化学工作站（或电化学工作系统）上进行。三电极系统：GC 表面修饰 Pt/C 后的电极为工作电极（WE，也称研究电极），饱和甘汞电极（SCE）为参比电极（RE），Pt 片（1cm×1cm）为对电极（CE，也称辅助电极）。玻璃电解池中电解质溶液为 0.1mol/L HClO$_4$ 溶液。实验装置连接参见图 11-2。

(3) Pt/C 催化氧还原反应（ORR，oxygen reduction reaction）性能测试

1）往电解质溶液中通入氧气至少 0.5h，使电解质溶液中氧气达到饱和，并保持通气状态。打开磁力搅拌器，保持电极工作面完全浸入电解质溶液中。

2）打开电脑及电化学工作站，并打开测试软件。选择 LSV（Linear Sweep Voltammetry），按照图 13-1 设置主参数。LSV 的电化学窗口范围为 0.9～-0.3V（因为电极上发生的是氧还原反应，电位从正到负是还原过程），扫描速度为 10mV/s，相关的主参数设置参见图 13-1 所示。

3）点击运行，开始测量，待测试完成后保存数据。

4）测试完毕后，关闭电化学工作站，关闭氧气减压阀。对实验结果进行处理与分析。

5）重复步骤步骤（1）、步骤（3）的 1）；选择计时电流（或称恒电位）设置主参数，恒定在-0.3V 下 10000～20000s（电位一般选择发生极限扩散后的电位）。重复步骤（3）的 3）、4）。所有相关测试实验均在室温常压下完成。

6）实验完成后，将所有药品、试剂、仪器归还到原位。

5. 注意事项

1）电化学系统中的三电极分别和电化学工作站（或电化学工作系统）设备上的电极线相连，切不可错误连接。不同的设备中，电极线的夹头颜色

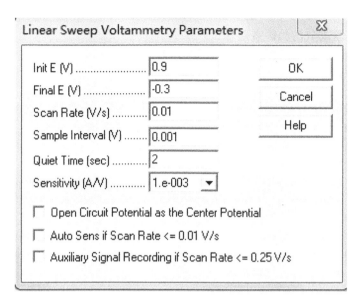

图 13-1 LSV 主参数设置

会有不同。以 CHI 系列设备为例，WE 为绿色、RE 为白色、CE 为红色。也有的设备中的电极线上有 WE、RE、CE 标记。设备开机前一定要检查核实无误！

2）实验过程中，氧气的流量应保持电解质溶液中氧气处于饱和状态。实验结束后，先停止软件运行（点击 STOP 按钮），然后关闭氧气开关和电化学工作站（或电化学工作系统）电源开关，再拆除电化学系统连接线。

6. 实验报告内容

1）阐述电催化氧还原反应的实验原理、方法以及 Pt 催化剂的催化性能评价办法。

2）根据测试得到的数据绘制 LSV 曲线及 Tafel 斜率图，绘制计时电流图，并完成表 13-1。

表 13-1 Pt 催化氧化甲醇的电化学性能数据表

样品	$j_0/(mA/cm^2)$	Tafel 斜率/(mV/dec.)	$j/[mA/mg(Pt)]$
Pt/C(质量分数 20%)			

注：j 是指 -0.3V 下的稳定电流密度；空白样品可选用 GC 的作参考。

7. 思考题

1）如何根据电化学线性极化结果确定 ORR 的电子转移数？

2）判断催化剂的催化能力强弱的指标有哪些？

3）实验成败的关键点是什么？

参考文献

［1］ 查全性. 电极过程动力学导论（第三版）［M］. 北京：科学出版社，2002.

［2］ 冯勇，吴德礼，马鲁铭. 铁氧化物催化类 Fenton 反应［J］. 化学进展，2013，25（7）：1219-1228.

［3］ Li Y P, Jiang L H, Wang S L, Sun G Q. Multi-scaled carbon supported platinum as a stable electrocatalyst for oxygen reduction reaction［J］. J. Electrochem.，2016，22（2）：135-146.

［4］ Yan X C, Jia Y, Zhang L Z, Yao X D. Platinum stabilized by defective activated carbon with excellent oxygen reduction performance in alkaline media［J］. Chinese Journal of Catalysis，2017，38（6）：1011-1020.

低碳醇类氧化催化剂性能测试

1. 实验目的

1）了解低碳有机物氧化反应在能量转化或有机合成反应中的重要性。

2）熟悉低碳能源物质氧化反应常用的催化剂系统。

3）掌握低碳有机物阳极催化剂性能测试的一般方法。

2. 实验原理

从燃料角度看，氢气燃烧的产物是水，无疑是最友好的能源物质。在化石燃料问题已广泛引起警惕的今天，清洁新能源开发备受关注。从能量转化方面看，以氢气为燃料的氢氧燃料电池的制造技术已基本成熟，但存在使用成本问题，如高效催化剂主要是贵金属铂、双极板制造技术和三合一膜电极制造技术要求高等，尤其是在电动运输工具方面，车载贮氢容器或产氢空时效率等技术的突破成为氢氧燃料电池广泛商业化使用的迫切需求。因此，从含氢量、含碳量、能量密度、环境要求等方面综合考虑，甲烷、甲醇、乙醇、甲酸等低碳有机物作为燃料电池燃料备受研究者关注。其中，甲醇、乙醇为可再生资源则具有相对优势，将来很有可能在能源系统中占据一席之地的直接醇类电池的研发成为一时的热点，比如直接甲醇燃料电池（DMFC）、直接乙醇燃料电池（DAFC）等。因而，其氧化反应过程中的催化剂的选择和性能优化至关重要。

类似于其他类型电化学反应中的电催化剂研究经历，低碳有机物氧化反应催化剂系统也经历了从纯贵金属到贵金属合金再到非贵金属及其合金或者配合物的发展过程，这个过程同样体现了从追求催化氧化效率到保证催化效率同时尽力降低催化剂成本的研究思路。对催化有机物氧化反应有效的贵金属有 Pt、Pd 等。提高催化剂使用效率的常用途径见实验13。

以甲醇为例，如果甲醇的最终氧化产物为 CO_2，根据热力学数据计算可知，在室温、酸性介质中，甲醇和氧发生反应的电化学电池属于高比能电化学系统，其理论电动势为 1.21V，理论比能量为 2.43kW·h/kg。而该电化学系统在使用现在最高效的 Pt 催化剂的情况下，其工作电压仅有 0.4～0.5V，导致其实际的比能量显著降低。研发高效率的催化剂系统显得尤为急迫，实验室研究甲醇催化氧化机理方面的工作较为常见。文献报道的 Pt 催化硫酸溶液中，甲醇的循环伏安（CV）曲线参见图 14-1；计时电流曲线参见图 14-2。

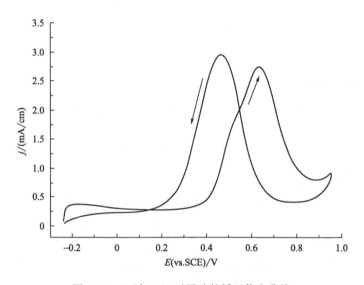

图 14-1　20% Pt/C 对甲醇的循环伏安曲线

3. 实验仪器与试剂

实验仪器：电化学工作站，玻碳（GC）电极，饱和甘汞电极（SCE），Pt 片，移液枪。

实验试剂：H_2SO_4，CH_3OH，Pt/C（质量分数 20%），质量分数 5% Nafion 溶液（电池级），α-Al_2O_3（0.05 μm）。

4. 实验步骤

(1) 工作电极（Pt/C）的制备

工作电极为 GC 表面修饰 Pt/C 后的电极。制备方法如下：①取适量的 α-Al_2O_3（0.05 μm）于抛光布上，滴加适量二次蒸馏水；②GC 电极在抛光布上顺时针或者逆时针单向研磨 5min，反复超声清洗至镜面状态；③用移液枪移取一定量的质量分数 20% Pt/C 乙醇分散液滴于玻碳电极表面（控

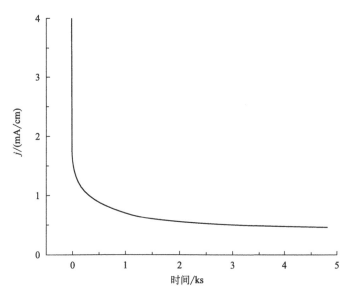

图 14-2　20％ Pt/C 的计时电流曲线

制 Pt/C 的载量约为 $15\mu g/cm^2$），室温下晾干；④移取 $10\mu L$ 质量分数 0.5％ 的 Nafion 溶液于干燥后的 Pt/C 表面，自然晾干。

（2）电化学测试实验装置

电化学测试在电化学工作站（或电化学工作系统）上进行。三电极系统：GC 表面修饰 Pt/C 后的电极为工作电极（WE，也称研究电极），饱和甘汞电极（SCE）为参比电极（RE），Pt 片（1cm×1cm）为对电极（CE，也称辅助电极）。玻璃电解池中电解质溶液为 $0.1mol/L\ H_2SO_4 + 0.5mol/L\ CH_3OH$ 的混合溶液。实验装置连接参见图 11-2。

（3）Pt/C 催化氧化甲醇性能测试

1）往电解质溶液中通入氮气排除电解质溶液中氧的影响，并保持通气状态。

2）打开电脑及电化学工作站，并打开测试软件。选择 CV（cyclic voltammetry），按照图 14-3 设置主参数。CV 的电化学窗口范围为 $-0.25 \sim 0.95$ V（因为电极上发生的是甲醇氧化反应，电位从负到正方向扫描），扫描速度为 20mV/s，相关的主参数设置参见图 14-3 所示。

3）点击运行，待测试完成后保存数据。

4）关闭电化学工作站，关闭氮气减压阀。对实验结果进行处理与分析。

5）重复步骤步骤（1）、步骤（3）中的 1）；选择计时电流（或称恒电位）设置主参数，恒定在 0.5 V 下 4000 s。重复步骤（3）中的 3）、4）。所有相关测试实验均在室温常压下完成。

6）实验完成后，将所有药品、试剂、仪器归还到原位。

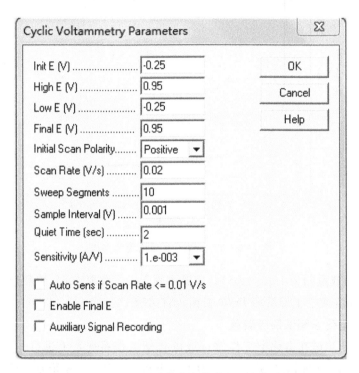

图 14-3　Pt/C 对甲醇催化氧化的 CV 主参数设置

5. 注意事项

1）电化学系统中的三电极分别和电化学工作站（或电化学工作系统）设备上的电极线相连，切不可错误连接。不同的设备中，电极线的夹头颜色会有不同。以 CHI 系列设备为例，WE 为绿色、RE 为白色、CE 为红色。也有的设备中的电极线上有 WE、RE、CE 标记。设备开机前一定要检查核实无误！

2）实验结束后，先停止软件运行（点击 STOP 按钮），然后关闭电化学工作站（或电化学工作系统）电源开关，再拆电化学系统连接线。

6. 实验报告内容

1）阐述甲醇电催化氧化的实验原理、方法以及 Pt 催化剂的催化性能评价办法。

2）根据测试得到的数据绘制 CV 曲线及 Tafel 斜率图，绘制计时电流图，并完成表 14-1。

表 14-1　Pt 催化氧化甲醇的电化学性能数据表

样品	$j_0/(\text{mA/cm}^2)$	Tafel 斜率/(mV/dec.)	$j/[\text{mA/mg}^{-1}(\text{Pt})]$
Pt/C(质量分数 20%)			

注：j 是指 0.5 V 下的稳定电流密度；空白样品可选用 GC。

7. 思考题

1）判断低碳有机物氧化的催化剂性能强弱的指标有哪些？

2）从环境角度看能源转化物质中低碳有机物的特点有哪些？

3）本实验中选择甲醇在酸性介质中检测催化剂的性能，主要原因是什么？

4）本实验中可以改变的主参数有哪些？对应的作用分别是什么？

参考文献

［1］　查全性. 电极过程动力学导论. 第三版［M］. 北京：科学出版社，2002.

［2］　杨绮琴，方北龙，童叶翔. 应用电化学. 第二版［M］. 广州：中山大学出版社，2005.

［3］　Zhou Xinwen, Gan Yali, Du Juanjuan, et al. A review of hollow Pt-based nanocatalysts applied in proton exchange membrane fuel cells［J］. J Power Sources, 2013, 232: 310-322.

［4］　李伟伟. Pt/C 的制备及其对甲醇氧化的催化作用［J］. 有色金属（冶炼部分），2013（8）：46-48.

［5］　Yang Y, Luo LM, Du JJ, et al. Facile one-pot hydrothermal synthesis and electrochemical properties of carbon nanospheres supported Pt nanocatalysts［J］. Int. J. Hydrogen Energy, 2016, 41: 12062-12068.

［6］　Chen Di, LuoLai-Ming, Zhang Rong-Hua, et al. Highly monodispersed ternary hollow PtPdAu alloy nanocatalysts with enhanced activity toward methanol oxidation［J］. J Electroanal Chem., 2018, 812: 90-95.

实验15

磷酸铁锂/碳复合正极材料的充放电测试

1. 实验目的

1) 学会分析磷酸铁锂/碳正极材料的循环稳定性。

2) 熟悉并会分析磷酸铁锂/碳正极材料的充放电曲线。

2. 实验原理

磷酸铁锂（$LiFePO_4$）电极材料主要用作各种锂离子电池的正极材料。$LiFePO_4$ 正极材料的理论电化学比容量为 $170mA \cdot h/g$，相对金属锂的电极电位约为 3.45V，理论能量密度为 $550W \cdot h/kg$。$LiFePO_4$ 正极极材料的循环性能好，主要是因为 $LiFePO_4$ 和 $FePO_4$ 晶体在结构上相似。当 Li^+ 从 $LiFePO_4$ 中脱嵌后，最终体积缩小 6.81%，密度增加 2.59%，而且这种变化刚好与碳负极在充放电过程所发生的体积变化相抵消，这样可以减少由于负极膨胀对电池所产生的应力。图 15-1 所示为 $LiFePO_4$ 脱嵌锂结构。

磷酸铁锂是一种新型锂离子电池电极材料。其特点是放电容量大，热稳定性好，价格低廉，无毒性，不造成环境污染。世界各国正竞相实现产业化生产。但另一方面，其电阻率较大，电化学为扩散控制，成为制约其应用的瓶颈。因此目前的研究工作主要集中在提高它的电导率的问题上。方法之一就是在 $LiFePO_4$ 颗粒的表面包覆导电碳制备 $LiFePO_4/C$ 复合材料来提高材料的导电性。其中碳的作用主要有以下三个方面：①碳均匀地分散在 $LiFePO_4$ 颗粒之间，形成导电网络，增加 $LiFePO_4$ 颗粒之间的导电性；②有机物裂解的碳可以达到纳米级尺度，它分散在 $LiFePO_4$ 颗粒之间可以细化焙烧产物的晶粒，这对 Li^+ 的扩散有利；③碳在高温焙烧中可以起到还原剂的作

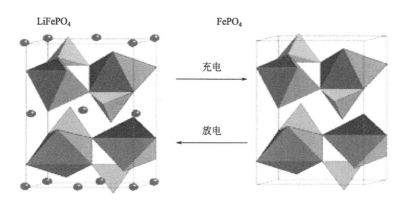

图 15-1 LiFePO$_4$ 脱嵌锂结构

用，避免产物中 Fe^{3+} 物相的生成。LiFePO$_4$ 粒子表面包覆导电碳，一方面可以增强粒子与粒子之间的导电性，减少电池的极化，另一方面还能为材料提供电子隧道，抑制晶粒增长，增大比表面积，使材料与电解液充分接触以补偿 Li$^+$ 离子在脱/嵌过程中的电荷动态平衡，进而提高 LiFePO$_4$ 的电化学性能。

锂离子电池的主要构成材料包括电解液、隔离材料、正负极材料等。正极材料占有较大比例（正负极材料的质量比为 3∶1～4∶1），因为正极材料的性能直接影响着锂离子电池的性能，其成本也直接决定电池成本高低。目前已经市场化的锂电池正极材料包括钴酸锂、锰酸锂、磷酸铁锂和三元材料等产品。

本实验通过对 LiFePO$_4$/C 电极材料进行充放电测试，分析锂离子脱出和嵌入的电位，LiFePO$_4$/C 电极材料的比容量，首次库伦效率以及电极的循环稳定性能、倍率性能等一系列电化学性能。

3. 实验仪器与材料

实验仪器：新威电池测试系统。

实验材料：磷酸铁锂/碳、金属锂片、电解液（1mol/L LiPF$_6$/EC＋DMC）、隔膜、2032 电池壳。

4. 实验步骤

(1) 制电极片

1）称取 0.08g 磷酸铁锂/碳，0.01g 乙炔黑，0.50mL 聚偏氟乙烯（PVDF）溶于 NMP（0.50mL×0.02g/mL＝0.01g），均匀混合。

2）刮膜：将均匀混合后的料涂布在铝箔上，形成均匀的薄膜，80℃

烘干。

3）冲片：用切片机切成直径 14mm 的圆形电极片（活性物质负载量约为 1.5mg/cm²）。

4）压片：用压片机在 6MPa 的压力下进行辊压得到电极片，用培养皿装好后放入真空干燥箱中，在 120℃中干燥 12h，留待组装纽扣电池使用。

（2）组装模拟电池

将真空烘干后的电极片立即转移到氩气气氛手套箱（MIKROUNA，Super 1220/750，H_2O 体积分数 $<1\times10^{-6}$，O_2 体积分数 $<1\times10^{-6}$）中，准确称量后，计算出活性物质质量［活性物的质量＝（极片质量－铜箔质量）×0.8］。再将电极片、金属锂片、电解液（1mol/L $LiFP_6$/EC＋DMC）、隔膜和泡沫镍按一定顺序组装成 2025 型纽扣电池［正极壳→电极片（滴电解液）→隔膜（电解液浸润）→锂片→泡沫镍→负极壳］。静置 8h 后进行电化学性能测试。

（3）充放电测试

1）将组装好的纽扣电池置于新威电池测试系统上。

2）设置参数：

a. 静置 1min；

b. 恒流充电，充电电流密度为 100mA/g，电压区间为 2.5～4V；

c. 静置 1min；

d. 恒流放电，放电电流密度为 100mA/g，电压区间为 2.5～4V；

e. 充放电循环次数 50 次。

充放电测试主参数设置如图 15-2 所示。

3）按照程序启动电池，输入电极片活性物质质量。

4）后期观察：打开测试数据分析充放电比容量，观察充放电电压平台。

5. 注意事项

1）不同的充放电电流密度影响电池的比容量。

2）不同的充放电电压影响电池的比容量。

6. 实验报告内容

1）分析前 50 次磷酸铁锂/碳的充放电压平台。

2）分析磷酸铁锂/碳正极材料的循环稳定性能。

7. 思考题

1）为什么电流密度影响磷酸铁锂/碳正极材料的比容量？

图 15-2 充放电测试主参数设置

2）充放电截止电压如何影响磷酸铁锂/碳正极材料的比容量和循环稳定性能？

参考文献

［1］ 唐昌平，应皆荣，姜长印，等．磷酸铁锂正极材料改性研究进展［J］．化工新型材料，2005，9：22-25.

［2］ 张宝，罗文斌，李新海，等．LiFePO4锂离子电池正极材料的电化学性能［J］．中国有色金属学报，2005，02：300-304.

［3］ Croce F, Epifanio A D, Hassoun J, et al. A Novel Concept for the Synthesis of an Improved LiFePO4 Lithium Battery Cathode［J］．Electrochemical and Solid-State Letters, 2002, 5（3）：A47-A50.

［4］ Andersson A S, Thomas J O. The source of first-cycle capacity loss in LiFePO4［J］．Journal of Power Sources, 2001, 97-98：498-502.

［5］ Delmas C, Maccario M, Croguennec L, et al. Lithium deintercalation in LiFePO4 nanoparticles via a domino-cascademodel［J］．Nature Materials, 2008, 7（8）：665-671.

次甲基蓝水溶液吸附法测定活性炭脱色率

1. 实验目的

1) 学会用次甲基蓝水溶液吸附法测定活性炭的吸附量。

2) 了解朗缪尔单分子层吸附理论及溶液法测定多孔材料的脱色率。

2. 实验原理

溶液的吸附可用于测定固体比表面积。次甲基蓝是易于被固体吸附的水溶性染料，研究表明，在一定浓度范围内，大多数固体对次甲基蓝的吸附是单分子层吸附，符合朗缪尔吸附理论。

朗缪尔吸附理论的基本假设是：固体表面是均匀的，吸附是单分子层吸附，吸附剂一旦被吸附质覆盖就不能被再吸附；在吸附平衡时候，吸附和脱附建立动态平衡；吸附平衡前，吸附速率与空白表面成正比，解吸速率与覆盖度成正比。

设固体表面的吸附位总数为 N，覆盖度为 θ，溶液中吸附质的浓度为 c，根据上述假定，吸附速率和脱附速率为

$$r_{吸} = k_1 N (1-\theta) c \ (k_1 \text{为吸附速率常数})$$

$$r_{脱} = k_{-1} \theta N \ (k_{-1} \text{为脱附速率常数})$$

当达到吸附平衡时 $r_{吸} = r_{脱}$，即

$$k_1 N (1-\theta) c = k_{-1} \theta N$$

由此可得
$$\theta = \frac{Kc}{1+Kc} \tag{16-1}$$

式中，$K = k_1 / k_{-1}$ 称为吸附作用的平衡常数，其值决定于吸附剂和吸附质的性质及温度。K 值越大，固体对吸附质吸附能力越强。若以 Γ 表示

浓度 c 时的平衡吸附量，以 Γ_∞ 表示全部吸附位被占据时单分子层吸附量，即饱和吸附量，$\theta = \dfrac{\Gamma}{\Gamma_\infty}$，代入式(16-1)，重新整理，得到如下形式

$$\frac{c}{\Gamma} = \frac{1}{\Gamma_\infty K} + \frac{1}{\Gamma_\infty}c \tag{16-2}$$

Γ_∞ 指每克吸附剂饱和吸附吸附质的物质的量，作 c/Γ-c 图，从其直线斜率可求得 Γ_∞，再结合截距便可得到 K。若每个吸附质分子在吸附剂上所占据的面积为 δ_A，则吸附剂的比表面积可以按照下式计算

$$S = \Gamma_\infty L \delta_A \tag{16-3}$$

式中，S 为吸附剂比表面积；L 为阿伏加德罗常数。

次甲基蓝的结构为：

阳离子大小为 $(17.0 \times 7.6 \times 3.25) \times 10^{-30}$ m³。

次甲基蓝的吸附有三种取向：平面吸附投影面积为 135×10^{-20} m²，侧面吸附投影面积为 75×10^{-20} m²，端基吸附投影面积为 39×10^{-20} m²。对于非石墨型的活性炭，次甲基蓝以其端基吸附为取向，吸附在活性炭表面，因此 $\delta_A = 39 \times 10^{-20}$ m²。

根据光吸收定律，当入射光为一定波长的单色光时，某溶液的吸光度与溶液中有色物质的浓度及溶液层的厚度成正比

$$A = -\lg \frac{I}{I_0} = \varepsilon b c \tag{16-4}$$

式中，A 为吸光度；I_0 为入射光强度；I 为透过光强度；ε 为吸收系数；b 为光经长度或液层厚度；c 为溶液浓度。

次甲基蓝溶液在可见区有 2 个吸收峰：445nm 和 665nm。在 445nm 处活性炭吸附对吸收峰有很大的干扰，故实验选用的工作波长为 665nm，并用分光光度计进行测量。次甲基蓝水溶液吸附法测定颗粒活性炭的比表面积是大学物理化学实验教学中一个重要的基础实验，有助于学生掌握溶液吸附法测定物质的比表面积，进而探究比表面积与其相关性能的关系。该实验利用溶液法来简单定量测定固体材料的比表面积及有色染料脱色率，对科学研究中设计合成的微、纳米固体材料比表面积和工业生产中所用的固体颗粒催化剂、吸附剂比表面积的测定具有一定的借鉴意义。

3. 实验仪器与试剂

实验仪器：分光光度计及其附件（1 套），容量瓶（500mL，6 只），HY

振荡器（1台），2号砂芯漏斗（5只），容量瓶（50mL，5只），带塞锥形瓶（5只），容量瓶（100mL，只），滴管（2支），吸量管（10mL，5支）。

实验试剂：次甲基蓝溶液（0.2%），次甲基蓝标准液（0.3126×10⁻³ mol/L），颗粒状非石墨型活性炭。

4．实验步骤

（1）样品的活化

颗粒活性炭置于瓷坩埚中放入500℃马弗炉活化1h，然后置于干燥器中备用（此步骤实验前已经由实验室做好）。

（2）溶液的吸附

取5只干燥的带塞锥形瓶，编号，分别准确称取活化过的活性炭约0.1g置于瓶中，按表16-1配制不同浓度的次甲基蓝溶液50mL，塞好，放在振荡器上振荡3h。样品振荡达到平衡后，将锥形瓶取下，用砂芯漏斗过滤，得到吸附平衡后的滤液。分别量取滤液5mL于500mL容量瓶中，用蒸馏水定容，摇匀，待用。此为平衡稀释液。

表 16-1　吸附试样配制比例

编号	1	2	3	4	5
V(0.2%次甲基蓝溶液)/mL	30	20	15	10	5
V(蒸馏水)/mL	20	30	35	40	45

（3）原始溶液的处理

为了准确测量约0.2%次甲基蓝原始溶液的浓度，量取2.5mL溶液放入500mL容量瓶中，并用蒸馏水稀释至刻度，待用。此为原始溶液的稀释液。

（4）次甲基蓝标准溶液的配制

分别量取2mL、4mL、6mL、9mL、11mL浓度为$0.3126×10^{-3}$mol/L的标准溶液于100mL容量瓶中，蒸馏水定容并摇匀，依次编号B2♯、B3♯、B4♯、B5♯、B6♯，待用。取B2♯标液5mL于50mL容量瓶中定容，得B1♯标液。B1♯、B2♯、B3♯、B4♯、B5♯、B6♯等六个标液的浓度依次为$0.002×0.3126×10^{-3}$mol/L，$0.02×0.3126×10^{-3}$mol/L，$0.04×0.3126×10^{-3}$mol/L，$0.06×0.3126×10^{-3}$mol/L，$0.09×0.3126×10^{-3}$mol/L，$0.11×0.3126×10^{-3}$mol/L。

（5）工作波长的选择

对于次甲基蓝溶液，工作波长为665nm。由于各分光光度计波长刻度略有误差，取浓度为$0.04×0.3126×10^{-3}$mol/L的标准溶液（即B3♯），在 600～700nm 范围内测量吸光度,以吸光度最大的波长为工作波长。

(6) 吸光度的测量

以蒸馏水为空白参比溶液。因为次甲基蓝具有吸附性,应按照从稀到浓的顺序测定。

因本实验的标准溶液浓度范围太宽,所以做两条工作曲线:一是以 B1♯ 为参比,依次测量 B1♯、B2♯、B3♯ 标准溶液的吸光度 A;二是以 B3♯ 标准溶液为参比,测量 B3♯、B4♯、B5♯、B6♯ 标准溶液的吸光度 A。

先用洗液洗涤比色皿,然后用自来水冲洗,再用蒸馏水清洗 2～3 次,以 B1♯ 为参比,测量 5♯、4♯、3♯ 吸附平衡溶液的稀释液的吸光度;以 B3♯ 标准溶液为参比,测量 2♯、1♯ 吸附平衡液稀释及原始溶液稀释液的吸光度,完成表 16-2。

表 16-2　次甲基蓝溶液浓度与吸光度数据表

编号	1	2	3	4	5	6
吸光度						

5. 注意事项

1) 测量吸光度时要按从稀到浓的顺序,每个溶液要测 3～4 次,取平均值。

2) 用洗液洗涤比色皿时,接触时间不能超过 2min,以免损坏比色皿。

6. 实验报告内容

1) 对实验目的、实验原理、实验所用到的仪器和试剂、实验步骤做简要描述。

2) 计算吸附溶液的初始浓度 $c_{0,i}$。按照实验步骤(2)的溶液配制方法,计算各吸附溶液的初始浓度。

3) 完成表 16-2,并计算不同活性炭用量对次甲基蓝的脱色率。

7. 思考题

1) 次甲基蓝溶液如果不稀释使用,会对实验结果产生何影响?

2) 吸附溶液如果恒温振荡时间太短,会对测试结果产生何种影响?

参考文献

[1]　张国艳,金为群,王岚.关于次甲基蓝水溶液吸附法测定颗粒活性炭比表面积实验的探讨 [J].大学化学,2014,3: 60-62.

[2] 邢宏龙. 物理化学实验 [M]. 北京：化学工业出版社，2010.

[3] 高楼军. 物理化学实验 [M]. 北京：科学出版社，2019.

[4] 陆益民，梁世强. "溶液吸附法测定活性炭比表面积" 实验的改进 [J]. 韶关学院学报（自然科学版），2004，25（9）：60-62.

[5] 华南平. 关于亚甲基蓝在活性炭表面吸附投影面积 A 的探讨 [J]. 大学化学，2005，20（1）：43-47.

电极对I₃⁻/I⁻电催化性能测试与分析

1. 实验目的

1) 了解循环伏安曲线中电催化化学反应的电流密度、过电位、峰间距的意义。

2) 掌握用循环伏安法表征染料敏化太阳能电池对电极电催化性能的方法。

2. 实验原理

(1) 染料敏化太阳能电池的工作原理

染料敏化太阳能电池是一种不同于传统 PN 结电池的光电化学电池，具有理论效率较高、制备工艺简单、成本低廉等优点。如图 17-1 所示，染料敏化太阳能电池一般由三大部分组成：光阳极、电解质和对电极。光阳极一般为吸附染料的 TiO₂ 膜，负载或生长在透明导电基底（如 FTO 玻璃）上。其工作原理可简单描述为：光阳极上的染料分子吸收光子，并将产生的光生电子注入到半导体氧化物薄膜（例如 TiO₂ 膜）；半导体氧化物中的电子在膜内传输并经由透明导电玻璃（例如 FTO）收集再流向外电路到达对电极；对电极上的电子在催化剂（例如 Pt）作用下促进电解质的还原；电解质使失电子的染料还原再生。

对电极作为染料敏化太阳能电池的一大功能部件，起着接收外电路中的电子并催化电解质中的氧化剂还原（例如，$I_3^- + 2e^- \rightarrow 3I^-$）的作用，其性能与成本接决定了器件的光电转化效率与成本。对电极的结构一般为具有催化性能的材料（例如 Pt）负载或生长在导电基底上（例如 FTO、Ni 片、石墨纸等）。可用于对电极的催化材料很多，包括铂、碳材料、过渡金属碳化物、过渡金属氮化物、过渡金属硫化物、过渡金属硒化物、导电高分子、金属合金、复合材料等。其中，金属铂因具有良好的化学稳定性、优异的电催化活性和导电性，而成为其他材料的对比参考材料。

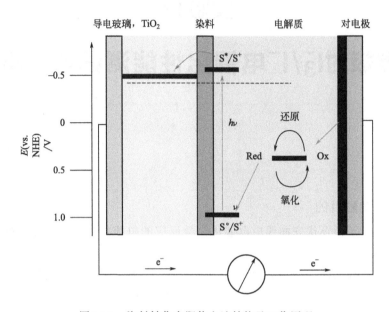

图 17-1　染料敏化太阳能电池结构及工作原理

(2) 三电极体系

一般电化学系统分为二电极体系和三电极体系，用得较多的是三电极体系，如图 17-2 所示。三个电极为工作电极（WE）、参比电极（RE）和辅助电极（CE）。工作电极又称为研究电极，即所研究的反应在该电极上发生。辅助电极又称为对电极，辅助电极和工作电极组成回路，为了使工作电极上电流畅通，一般辅助电极面积比工作电极大且导电性良好，常用的有 Pt 片和碳棒。参比电极是一个已知电势的接近于理想不极化的电极。参比电极上基本没有电流通过，用于测定研究电极相对于参比电极的电极电势。

参比电极的种类：不同研究体系可选择不同的参比电极。水溶液体系中常见的参比电极有标准氢电极（NHE 或 SHE），25℃下其标准电极电势为 0V；饱和甘汞电极（SCE），25℃下其电极电势相对于 SHE 为 0.2415V；饱和 AgCl/Ag 电极，25℃下其电极电势相对于 NHE 为 0.2224V 等。图 17-3 为饱和 AgCl/Ag 电极和 SCE 电极。常用的非水参比体系为 Ag+/Ag。工业上常应用简易自制的参比电极，或用辅助电极兼做参比电极。

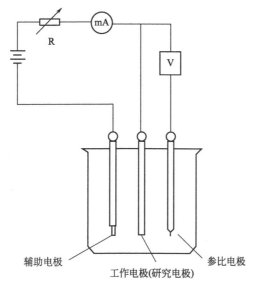

辅助电极　工作电极(研究电极)　参比电极

图 17-2　三电极体系

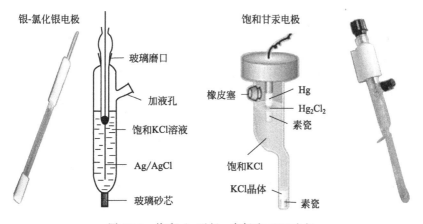

银-氯化银电极　　　　　　　　　饱和甘汞电极

玻璃磨口
加液孔
饱和KCl溶液
Ag/AgCl
玻璃砂芯

橡皮塞　　　Hg
　　　Hg₂Cl₂
　　　素瓷
饱和KCl
KCl晶体
　　　素瓷

图 17-3　饱和 AgCl/Ag 电极和 SCE 电极

(3) 循环伏安法表征电极的电催化活性

将电极浸入到配好的电解溶液中（例如，要研究染料敏化太阳能电池对电极将 I_3^- 还原为 I^- 的能力，就采用含 I_3^- 和 I^- 的电解质溶液，且 I_3^- 和 I^- 的摩尔比和溶剂组成尽量与染料敏化太阳能电池中电解质相同），研究该电极在确定电位下的电流大小和方向的有效手段就是三电极的循环伏安法。测试该电极在确定电位下的电流大小和方向，绘制 J-V 图，根据图形中的峰确定所对应的电化学反应（如图 17-4 所示），并获得所研究反应的峰值电流、峰间距。

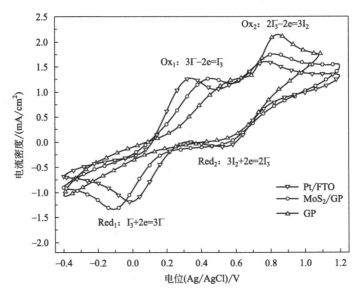

图 17-4　Pt/FTO、二硫化钼生长于石墨纸（MoS$_2$/GP）、
纯石墨纸（GP）的循环伏安曲线

以图 17-4 为例，纯石墨纸（graphite paper，GP）未出现 Red$_1$（I$_3^-$ ＋ 2e$^-$→3I$^-$）的峰，说明其不具有催化 I$_3^-$ 还原为 I$^-$ 的能力，或其对 I$_3^-$ 的催化能力很差。Pt/FTO 和二硫化钼生长于石墨纸（MoS$_2$/GP）都具有明显的还原峰，说明它们对 I$_3^-$ 具有较好催化活性。对比发现 MoS$_2$/GP 的 Red$_1$ 峰值电流密度较 Pt/FTO 的更大，说明了其催化 I$_3^-$ 还原为 I$^-$ 的速度最快，综合催化活性最佳。由于 Red$_1$ 与 Ox$_1$ 实质是同一反应向左、向右进行，因而它们的峰间距表示了反应向左和向右进行的过电位之和，通常电极反应的过电位越小，该反应的速率常数就越大。Pt/FTO 的 Red$_1$ 与 Ox$_1$ 之间的峰间距最小，这说明了 I$_3^-$ ＋2e$^-$→3I$^-$ 在 Pt/FTO 电极表面更易发生，亦说明了 Pt 具有较 MoS$_2$ 更佳的内在催化活性。然而由于生长在 FTO 表面的 MoS$_2$ 量更多，而使得其综合催化活性优于 Pt/FTO。通过实例分析可知循环伏安法可获得电催化反应的峰值电流密度和过电位，可对比反应电极整体的和内在的电催化活性。

3．实验仪器与试剂

实验仪器：电化学工作站，聚乙烯二氧噻吩 PEDOT 电极，聚苯胺 PANI 电极，Pt 电极，饱和甘汞电极，Pt 片，量筒（10mL 2 个，50mL

1个），烧杯（100mL 1个），移液枪和磁力搅拌子（各1个），天平。

实验试剂：LiI，I$_2$，LiClO$_4$，乙腈。

4. 实验步骤

(1) 制备工作电极

PEDOT和PANI都具有一定的催化性能，且制备简易、成本低廉，适宜作为铂的替代材料用于染料敏化太阳能电池对电极。

1）PEDOT/FTO电极的制备　配制50mL电解质水溶液（内含7.5mmol/L的3,4-乙烯二氧噻吩EDOT，37.5mmol/L的十二烷基硫酸钠SDS，22.5mmol/L的LiClO$_4$）。

安装三电极系统，以FTO玻璃为工作电极、Pt片为辅助电极、饱和AgCl/Ag为参比电极，将三电极浸入电解质溶液中，再将工作电极（WE）、辅助电极（CE）和参比电极（RE）分别与电化学工作站的绿色、红色和白色电夹具相连。

用电化学工作站中的电解库仑法控制工作电极的电位为1.2V，聚合EDOT，在FTO表面生成PEDOT，当电量Q为0.1C时停止实验。

将FTO玻璃取出，用去离子水冲去附着不牢固的和FTO背面的PEDOT颗粒后，室温真空干燥后再于100℃下真空干燥（并促进聚合）1h。

2）PANI/FTO电极　配制A溶液（25mmol的苯胺单体溶于50mL的0.4mol/L盐酸溶液），并于冰箱4℃保存1d。配制B溶液（8.3mmol的过硫酸铵溶于50mL的0.4mol/L盐酸溶液），并于冰箱4℃保存1d。

将FTO玻璃正面朝上放置在培养皿内，将该培养皿置于0℃的冰水混合浴中，再将A溶液倒入培养皿内（完全覆盖FTO玻璃）并于快速搅拌条件下倒入B溶液，之后静置30min。

将FTO玻璃取出，用去离子水冲去附着不牢固的和FTO背面的PANI颗粒后再于4℃下1mol/L盐酸溶液中酸化4h，取出并室温真空烘干即可。

3）Pt/FTO电极　配制20mmol/L的H$_2$PtCl$_6$异丙醇溶液；将该异丙醇溶液旋涂（1600r/min，30s）在清洁的FTO玻璃表面，取下后于90℃热台上烘干；于热台上在385℃下热解30min，冷却后即可在FTO表面沉积一层Pt颗粒。

(2) 配制电解液

电解液为包含有10mmol/L LiI、1mmol/L I$_2$、0.1mol/L LiClO$_4$的乙腈溶液。

(3) 电池的循环伏安测试

打开电脑和电化学工作站，预热10min。

　　安装三电极系统，以 PEDOT/FTO、PANI/FTO 和 Pt/FTO 分别依次作为工作电极，Pt 片为辅助电极，饱和 AgCl/Ag 为参比电极，将三电极浸入电解液中，再将工作电极、辅助电极和参比电极分别与电化学工作站的绿色、红色和白色电夹具相连。

　　用电化学工作站中的循环伏安模式进行测试，条件为高电位 1.4V，低电位 -0.6V，步幅 5mV，负→正＋正→负扫描，扫描 3 个来回，参数设定如图 17-5 所示。

图 17-5　循环伏安法参数

5. 注意事项

　　1）乙腈有毒性，应使用保鲜膜密封，减少挥发。

　　2）饱和 AgCl/Ag 电极用完后立即用去离子水冲洗掉表面的电解质溶液，冲洗过程中要防止电解质溶液反渗到电极内部，冲洗后将该电极避光保存在饱和氯化钾溶液内。

　　3）使用胶带让工作电极没入电解质溶液的面积为 $1cm^2$（或其他固定值），便于由电流大小获得电极的电流密度。

6. 实验报告内容

　　1）阐述用循环伏安法表征电极电催化活性的工作原理。

2）参照图 17-4 绘制 PEDOT/FTO、PANI/FTO、Pt/FTO 三种对电极的循环伏安曲线（电流密度-电位曲线）。

3）完成下表并分析三种电极的电催化活性。

电极	PEDOT/FTO	PANI/FTO	Pt/FTO
Red_1 的电流密度			
Red_1 与 Ox_1 之间的峰间距			

7. 思考题

1）Red_1 的电流密度会如何影响染料敏化太阳能电池的基本特性参数？

2）已知 Red_1 与 Ox_1 之间的峰间距，还需要知道什么才能确定 Red_1 与 Ox_1 各自的过电位？

参考文献

［1］ Grätzel M. Photoelectrochemical Cells［J］. Nature, 2001, 414: 338-344.

［2］ 谭忠印，周丹红. 电化学分析原理及技术［M］. 辽宁：辽宁师范大学出版社, 2001.

［3］ Huang N, Li G, Xia Z, et al. Solution-processed relatively pure MoS_2 nanoparticles in-si-tu grown on graphite paper as an efficient FTO-free counter electrode for dye-sensitized solar cells［J］. Electrochimica Acta, 2017, 235: 182-190.

第2部分　新能源器件性能测试

实验18

电极片的制备及扣式超级电容器的组装

1. 实验目的

1) 掌握超级电容器的基本结构。

2) 掌握电极片的制备及电容器的组装。

2. 实验原理

超级电容器是近年来被广泛关注的新型功率型能量存储设备，其功率密度较二次电池具有显著的优势，能量密度是传统电容器的 $10\sim100$ 倍（图18-1），填补了传统电容器与二次电池之间的空白，在消费电子器件、电网储能和电动汽车等领域具有广阔的应用前景。

(1) 超级电容器的分类

一般情况下，超级电容器可以按照以下四个原则进行分类：

1) 根据结构的不同分为对称型超级电容器和不对称型超级电容器。

2) 根据电解液的不同可分为有机系超级电容器、水系超级电容器和全固态超级电容器。

3) 根据电极材料的不同分为碳超级电容器、金属氧化物超级电容器和导电聚合物超级电容器。

4) 根据电极储能原理的不同分为双电层电容器和法拉第准电容器。

市场上的超级电容器产品也有不同的分类方式：

1) 按产品的结构分为叠片型超级电容器、卷绕型超级电容器、组合型超级电容器。

2) 按产品的规格分为 1F 以下超级电容器、$1\sim10F$ 超级电容器、$10\sim100F$ 超级电容器、$100\sim1000F$ 超级电容器、$1000\sim5000F$ 超级电容器、

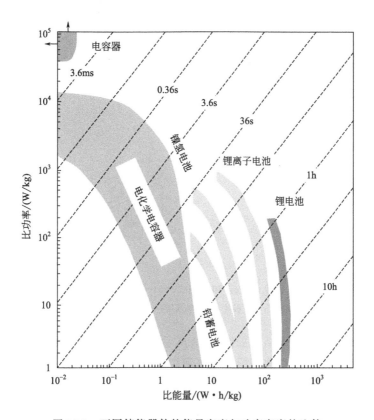

图 18-1 不同储能器件的能量密度与功率密度的比较

5000F 以上超级电容器。

3）按产品的应用领域分为消费电子类超级电容器、计算机应用类超级电容器、工业电子类超级电容器、汽车电子类超级电容器等。

（2）超级电容器的结构

超级电容器的结构与电池十分相似，主要由极片、集流体、隔膜、电解液、引线、外壳等部分构成。成品电化学电容器按照不同的分装方式，可分为叠片式和卷绕式。两种电容器各有优缺点：叠片式电容器电极易于制备，且可以容纳大面积电极，但是封装密度较低，多个电容器单元串联时占用空间较大，难以在较小的体积内获得较高的工作电压。而卷绕式电容器的封装密度较高，便于多个电容器的串联以满足对高电压的需要，但难以容纳较大面积的电极，且外壳封装过程中需要承受较大的压力。图 18-2 分别给出了叠片式超级电容器以及卷绕式超级电容器的内部结构。

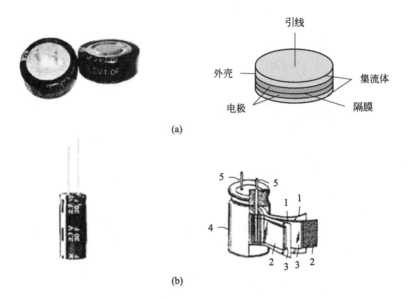

(a)

(b)

图 18-2 叠片式（a）和卷绕式（b）超级电容器内部结构

1—隔膜；2—极片；3—集流体；4—外壳；5—引线

超级电容器的典型结构如图 18-3 所示，它由高比表面积的多孔电极材料、集流体、多孔性电池隔膜和电解液组成。

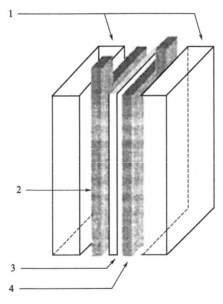

图 18-3 超级电容器的典型结构

1—聚四氟乙烯载体；2，4—活性物质压在泡沫镍集电极上；3—聚丙烯电池隔膜

（3）电极材料

电极是超级电容器的核心构件，是决定化学电源电动势、比能量和比功率、充电和放电特性等基本性能的重要因素。不同类型的超级电容器对电极材料有不同的要求。对电极材料的要求是：作为超级电容器的电极材料，不仅要求高的比容量，较低的内电阻，满足大电流快速充放电的要求，同时，电极材料在电解液中必须有适当的化学稳定性、良好的电子和离子导电性；能够在电极/电解液或体相进行离子交换，顺利地进行电化学反应，形成双电池电容或法拉第准电容。通常电极材料有以下三种。

① 碳电极材料 具有大比表面积，活性物质利用率高，电化学系性能稳定，具有良好的导电性。常见的是多孔碳，价格低廉，在工业中被广泛应用，此外，还有玻璃碳、碳纳米管和碳纤维等，但其制备方法要求苛刻、价格昂贵，目前很难实用化。本实验中将采用活性炭作为电极材料组装超级电容器。

② 金属氧化物电极材料 氧化钌是发现最早的过渡金属氧化物电极，是最理想的电极材料，但价格不菲，是黄金的两倍甚至更高，因而使用非常少。氧化锰、氧化铅、氧化镍等氧化物已被广泛应用。

③ 高分子导电聚合物电极材料 常见的有聚苯胺、聚吡咯等，在电化学反应过程中，聚合物膜上产生 N 型或 P 型掺杂从而使聚合物储存高密度电荷，产生更大的法拉第准电容。

在电极材料的选择上除了要注重材料的稳定性和电流效率，还要特别关注这些问题：实际条件（温度、流速、电解液等）下电极材料的腐蚀速率或损耗速率；电极材料是否会因杂质的吸附、电极表面聚合物膜的缓慢形成而丧失活性。

（4）电解质溶液

电解质溶液是超级电容器的主要组成之一，由溶剂和高浓度的电解质盐及电活性物质等组成。对电容器的各方面性能有十分重要的影响。例如：电容器的工作电压受电解液分解电压影响，电容器输出电流和等效串联电阻受电解液离子电导率的影响，电容器的应用范围受电解液使用温度的影响。

用于超级电容器的电解液一般分为液体电解液和固体电解液，其中液体电解液包括水系电解液和非水系（有机）电解液。水系电解液具有内阻低、电导率高、价格便宜的优势，但存在工作电压低、电化学窗口小等缺点。水系电解液是最早应用于超级电容器的电解质溶液。水系电解液包括酸性电解液、中性电解液和碱性电解液。

① 酸性电解液 典型代表是 H_2SO_4 电解质溶液，属于强电解质，离子

完全电离，离子浓度及导电率高，溶液内阻低。但是 H_2SO_4 是强酸，具有强氧化性和腐蚀性，不能采用金属材料作为集流体。一旦 H_2SO_4 泄漏，造成腐蚀，会破坏电极工作环境。

② 中性电解液　中性电解液条件温和，腐蚀性小，被应用于超级电容器的种类最多，如 $LiClO_4$、$NaCl$、Na_2SO_4、KCl 等，但在 $NaCl$ 和 KCl 电解液中，由于 Cl^- 离子与 Ni 发生化学反应，浸泡时间过长时电解液中有绿色絮状沉淀物生成，说明盐酸盐溶液不适合作为以镍为集流体的超级电容器的电解液。Na_2SO_4 溶液是实验研究中应用最广的一种中性电解液。

③ 碱性电解液　典型代表是 KOH 溶液，不同浓度的 KOH 溶液电化学性能差别很大，通常情况下，$4\sim7mol/L$ 时电化学性能最好。

有机电解液相对水系电解液而言，部分有机溶剂有毒，对人体有害，故在使用的时候要注意人身安全。最常用的电解质主要是季铵盐（R_4N^+），如 Et_4N^+，Me_4N^+ 等。常用的有机电解质溶剂主要是碳酸酯类有机溶剂，包括碳酸丙烯酯（PC）、碳酸乙烯酯（EC）、碳酸二乙酯（DEC）、碳酸二甲酯（DMC）和碳酸甲基乙基酯（EMC）等。有机溶剂应具有如下条件：可溶解足够量的支持电解质；具有足够使支持电解质离解的介电常数；可以测定的电位范围大等。有机电解质的分解电压一般为 $2.0\sim4.0V$，有利于电容器获得较宽的工作电压窗口，提高能量密度。

固态电解质由于没有溶液电压降以及存在离子膜的选择性分离作用，将反应与分离融为一体，具有很高的能量效率，其导电性能与强电解质溶液相近，循环电压较宽，循环效率高达 99%。近年来，聚合物基质的固态电解质发展迅速，其组成为聚合物中掺入碱金属盐。常见的聚合物基质有聚氧化乙烯（PEO）、聚丙烯腈（PAN）等。

总之，电解液要有一定的导电能力和实用的电流密度，较宽的电位范围，最好具备价廉、无毒、使用安全、性能稳定等特点。

(5) 隔膜

隔膜是影响超级电容器性能的重要因素。它将电容器分隔为阴极区和阳极区，以保证阴极、阳极上发生氧化还原反应的反应物和产物不相互接触干扰。隔膜可以采用盐桥和离子交换膜等，起传导电流作用的离子可以穿过隔膜。对隔膜的要求是：电解液浸润性佳，具有较低的闭孔温度和较高的破膜温度。但总体的方向是要保证隔膜的稳定性、防止超级电容器相邻两电极短路。目前使用较多的是有一定厚度、经过表面处理的 Celgard 隔膜。

(6) 集流体

集流体是汇集电流的结构或零件，对集流体的要求是：电子导体性良、化学性质稳定、接触面积大且接触电阻小。常用的有铜箔、铝箔、镍箔（网）等。

（7）超级电容器的特点

表18-1给出了超级电容器、传统物理电容以及电池这三种储能器件的性能比较。可以看出，超级电容器和其他的化学电源相比具有以下优点：

表 18-1　超级电容器、传统物理电容以及电池的性能比较

性能	超级电容器	传统电容器	电池
放电时间	$1\sim30s$	$10^{-6}\sim10^{-3}s$	$0.3\sim3h$
充电时间	$1\sim30s$	$10^{-6}\sim10^{-3}s$	$1\sim5h$
能量密度/（W·h/kg）	$1\sim10$	<0.1	$50\sim200$
功率密度/（W/kg）	$1000\sim2000$	>10000	$50\sim200$
循环寿命/次	>100000	∞	$500\sim2000$

① 超高电容量（$0.1\sim6000F$），比同体积的电解电容器大 $2000\sim6000$ 倍。

② 漏电流非常小，具有电压记忆功能，电压保持的时间较长。

③ 功率密度非常高。与充电电池相比，可作为功率辅助器，供应大电流。电容器最适于要求能量持续时间为 $10\sim100s$ 的情况。

④ 充放电效率高，寿命超长。充放电次数高于 40 万次。电化学电容器通过离子的吸脱附而不是化学反应储存电量，因此能快速充放电。充电电池反复充放电时，电极的结晶结构通常会变差，甚至最后不能充电，也就是说循环寿命差。而电化学电容器充放电时只是产生离子的吸脱附，电极结构并没有发生变化，因此其充放电次数理论上是没有限制的。另外，电化学电容器对过充或过放电都有一定的承受能力，短时间过压不会对装置产生较大的影响，因而能够稳定地反复充放电。

⑤ 放置时间长。超级电容器自身寿命和循环寿命很长，超过一定时间会自行放电到低压，但仍能保持容量，且能充电到原来的状态，即使长期不用也能保持原有的性能指标。

⑥ 温度范围宽。超级电容器在 $-40\sim70℃$ 都可正常使用，而电池的使用温度一般在 $-20\sim60℃$ 之间。

⑦ 价格低，免维护，环境友好。

（8）超级电容器的应用领域

由于超级电容器具有一般物理电容器无法比拟的极高的能量密度和功率密度，与电池相比其功率密度也高出很多倍，所以超级电容器一经问世便得

到人们的重视。超级电容器在电子、通信、医疗器械、国防、航空航天等领域得到越来越广泛的应用，应用范围还在不断扩大，其中最为令人瞩目的应用是作为电动车辆驱动电源和功率电源。目前已经开发的超级电容器，根据放电量、放电时间、工作电压以及电容量大小，主要用作备用、替换和主电源三类。

① 作备用电源　用于电子产品的超级电容器占据目前超级电容器市场份额的绝大部分，以低压电容器为主，使用时与电池并联，当电池断路或者被关闭时超级电容器对外供电。超级电容器可用做电子记忆电路的辅助电源，也可用做负载电路的辅助电源，还可用作存储器、微处理器以及钟表的备用电源。典型的应用有：汽车音频系统、出租车的计量器、无线电波接收器、闹钟、家用面包机、咖啡机、数码相机、移动电话等。

② 作交替电源　白天用太阳电池给负载供电，太阳电池同时对超级电容器充电，晚上超级电容器给负载供电。超级电容器具有充放电次数高、寿命长、使用温度范围宽、循环效率高以及低自放电等特点，可以用相当长的时间且免维护，很适合如白昼-黑夜转换的场合应用。典型的应用实例有：太阳能手表、发光二极管、太阳能灯、路标灯、公共汽车停车站时间表灯、汽车停放收费计灯、交通信号灯等。

③ 作主电源　超级电容器可用做小型装置的一次电源。主要是通过一个或几个超级电容器释放持续几毫秒到几秒的大电流放电之后，超级电容器再由低功率的电源充电。典型的应用有玩具车等，其体积小、重量轻、能很快跑动。这类电容器有代表性的有俄罗斯的 Econd 和 ELIT 公司提供的代号为 PSCap 和 SC 的高功率超级电容器，其工作电压为 12～350V，电容为一到几百法拉第。

由于价格低、容量高、等效阻抗低、电压高及体积小等优异的特性，超级电容器的应用领域不断扩展。

在无线通信领域，电化学电容器适合在大功率的脉冲电源上应用，用于要求短时、瞬时脉冲很高的场合，特别是那些使用无线技术的便携装置，如便携式计算机、GSM 和 GPRS 无线通信掌上型装置。它们还可以在电源波动和部分停电时维持运行，避免产生损失并延长便携式装置中电池的使用寿命。电化学电容器安装在芯片上，可以达到储存和强化电能的效果，可比一般电容器储存更多的电能，它的充放电速度较快且可以在低温下运行。由于能量密度高，可缩小电源及机体的体积、延长电能使用时间。

在电动汽车和混合电动汽车中的应用，目前世界上研究最为活跃的是将超级电容器与电池联用作为电动汽车的动力系统。电动车用电源系统应满足的要求有：高比能量、高比功率、可快充、低成本及高安全性。普通电池虽然能量密度高，行驶里程长，但是存在充电时间长、无法大电流充电、工作寿命短等不足，而超级电容器比功率大，充电速度快，输出功率大，刹车再生能量回收效率高。采用超级电容器与动力型二次电池并联组成混合电源系统，可基本满足电动汽车的经济技术要求。目前世界各国都在开发电动汽车，主要倾向于开发混合电动汽车，用电池为电动汽车的正常运行提供能量，而加速和爬坡时可以由超大容量电容器来补充能量，超大容量电容器还能存储制动时产生的再生能量。

在军事方面，超级电容器可用于雷达、远程监视器、重型卡车、装甲运兵车及坦克。

在太阳能与风力发电、内燃机车启动和电力系统中，超级电容器也都有广泛应用。日本 Matsushita 生产的 Up-Cap 电容器已用于光伏发电的功率负载上。

本实验中，以活性炭为活性材料，金属钛片为集流体，KOH 为电解质，制备电极片并组装扣式超级电容器。该实验是后续超级电容器性能测试的基础，有助于学生更直观地理解超级电容器的内部结构，了解工业上生产超级电容器的基本工艺流程。

3. 实验仪器和试剂

实验仪器：电子天平、研钵、扣式电池封装机、恒温干燥箱。

实验试剂：超级电容器专用活性炭、钛片、黏结剂（PTFE）、KOH、无水乙醇、扣式电池外壳。

4. 实验步骤

（1）超级电容器电极片的制备

按 90：10（质量）称取活性物质活性炭和黏结剂 PTFE，利用研钵充分混合均匀，调成均匀的浆料。

将浆料均匀涂敷于已称重的钛片上。

60℃干燥 30min、压片、称重，备用。

（2）扣式超级电容器的组装

将步骤（1）中制备好的电极片作为电容器的正负极。

正负极之间用隔膜隔离。

电解液为 1mol/L 的 KOH 溶液。

用封装机把扣式壳封好。

具体组装方法如图 18-4 所示。

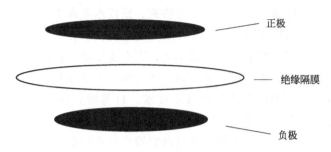

图 18-4　组装扣式电化学电容器的层次

5. 注意事项

1）必须严格按照操作规程进行实验。

2）遵守实验室的规章制度，保持实验室及实验台清洁。

6. 实验报告内容

1）阐述超级电容器的基本结构，以及高性能超级电容器对每一部分的要求。

2）记录涂膜前后金属钛片的质量，计算出其中活性炭的质量密度（mg/cm^2）。

3）观察活性材料在集流体上的附着力、均匀性，并留下照片。

4）检查扣式超级电容器封装好之后的密封情况，并留下扣式超级电容器的照片。

7. 思考题

1）超级电容器与传统电容器的主要区别有哪些？

2）隔膜在超级电容器中起什么作用？

参考文献

[1]　Pan X, Zhu J, Xin W. Recent advances on multi-component hybrid nanostructures for electrochemical capacitors [J]. Journal of Power Sources, 2015, 294: 31-50.

[2]　Simon P, Gogotsi Y. Materials for electrochemical capacitors [J]. Nature Materials, 2008, 7 (11): 845-854.

[3]　王新宇. 超级电容器用新型电极材料研究 [D]. 长沙：中南大学，2011.

[4]　李会巧. 超级电容器及其相关材料的研究 [D]. 上海：复旦大学，2008.

[5]　Faggiole E, Rena P, Danel V, et al. Supercapacitors for the energy mangement of electric vehicles [J]. J. Power Sources, 1999, 84 (2): 261-269.

[6] 张治安，邓梅根，胡永达，等 . 电化学电容器的特点及应用［J］. 电子元件与材料，2003，22（11）：1-5.

[7] Smith T A, Mars J P, Turner G A. Using supercapacitors to improve battery performance. Power Electronics Specialists Conference, IEEE 33th Annual, 2002, 1: 124-128.

[8] 董栋，董天午 . 电动汽车用"非常规"动力源［J］. 电气时代，2001，7：1-3.

[9] 张炳力，赵韩，张翔，等 . 超级电容在混合动力电动汽车中的应用［J］. 实验与研究，2003，5：48-50.

[10] 廖义勇 . 超级电容应用——智能水表［J］. 应用天地，2003，7：24-30.

超级电容器的循环伏安测试及分析

1. 实验目的

1）掌握循环伏安法的基本原理和测量技术。

2）通过对体系的循环伏安测量，了解吸附型电极和准电容型电极的曲线特点。

2. 实验原理

（1）双电层电容器和法拉第准电容器

电容器是一种电荷存储器件，按其储存电荷的原理可分为三种：传统静电电容器、双电层电容器和法拉第准电容器。

传统静电电容器主要是通过电解质的极化来储存电荷，它的载流子为电子。

双电层电容器和法拉第准电容器储存电荷主要是通过电解质离子在电极/溶液界面的聚集或发生氧化还原反应，它们具有比传统静电电容器大得多的比电容量，载流子为电子和离子，因此它们两者都被称为超级电容器，也称为电化学电容器。

1）双电层电容器

双电层理论由 19 世纪末 Helmhotz 等提出。Helmhotz 模型认为金属表面上的净电荷将从溶液中吸收部分不规则的分配离子，使它们在电极/溶液界面的溶液一侧，离电极一定距离排成一排，形成一个电荷数量与电极表面剩余电荷数量相等而符号相反的界面层。于是，在电极上和溶液中就形成了两个电荷层，即双电层。

双电层电容器的基本构成如图 19-1，它由一对可极化电极和电解液组成。双电层由一对理想极化电极组成，即在所施加的电位范围内并不产生法拉第反应，所有聚集的电荷均用来在电极的溶液界面建立双电层。这里极化过程包括两种：电荷传递极化和欧姆电阻极化。

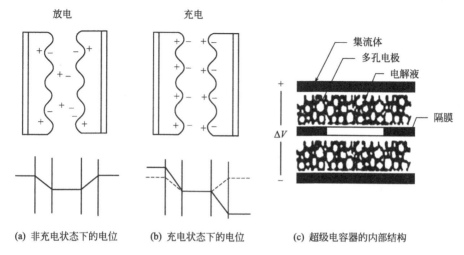

图 19-1 双电层电容器工作原理及结构

当在两个电极上施加电场后，溶液中的阴、阳离子分别向正、负电极迁移，在电极表面形成双电层；撤消电场后，电极上的正负电荷与溶液中的相反电荷离子相吸引而使双电层稳定，在正负极间产生相对稳定的电位差。当将两极与外电路连通时，电极上的电荷迁移而在外电路中产生电流，溶液中的离子迁移到溶液中成电中性，这便是双电层电容的充放电原理。

2）法拉第准电容器

对于法拉第准电容器，其储存电荷的过程不仅包括双电层上的存储，还包括电解液中离子在电极活性物质中由于氧化还原反应而将电荷储存于电极中。其双电层电容器中的电荷存储与上述类似，从化学吸脱附机理看，一般过程为：在外加电场的作用下，电解液中的离子（一般为 H^+ 或 OH^- 离子）由溶液中扩散到电极/溶液界面，而后通过界面的电化学反应

$$MO_x + H^+ + e \rightarrow MO(OH) \text{ 或 } MO_x + OH^- - e \rightarrow MO(OH) \quad (19\text{-}1)$$

进入到电极表面活性氧化物的体相中，由于电极材料采用的是具有较大比表面积的氧化物，这样就会有相当多的这样的电化学反应发生，大量的电荷就被存储在电极中。根据式(19-1)，放电时这些进入氧化物中的离子又会重新返回到电解液中，同时所存储的电荷通过外电路而释放出来，这就是法拉第准电容器的充放电机理。

在电活性物质中，随着存在法拉第电荷传递化学变化的电化学过程的进

行，极化电极上发生欠电位沉积或发生氧化还原反应，充放电行为类似于电容器，而不同于二次电池，不同之处为：

① 极化电极上的电压与电量几乎呈线性关系；

② 当电压与时间呈线性关系$\dfrac{dV}{dt}=k$时，电容器的充放电电流为恒定值，如式(19-2)所示

$$I=\frac{C\,dV}{dt}=kC \tag{19-2}$$

式中，C为电容。

(2) 电化学系统三电极

电化学系统借助于电极实现电能的输入或输出，电极是实施电极反应的场所。一般电化学系统分为二电极系统和三电极系统，循环伏安法通常采用三电极系统。相应的三个电极为工作电极（WE，也称研究电极），参比电极（RE）和对电极（CE，也称辅助电极），如图 19-2 所示。

三电极组成两个回路：研究电极和参比电极组成的回路构成一个基本不通电或少通电的电路，利用参比电极电位的稳定性来测量工作电极的电极电位。研究电极和对电极组成另一个回路构成一个通电的电路，用来测量工作电极通过的电流，即所谓的"三电极两回路"，也就是测试中常用的三电极系统。利用三电极系统来研究工作电极的电位和电流的关系。

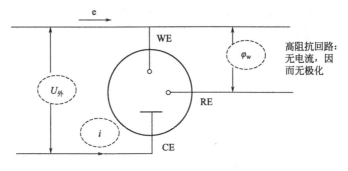

图 19-2 三电极系统原理

三电极测试系统之所以要有一个参比电极，是因为有些时候工作电极和辅助电极的电极电位在测试过程中都会发生变化，为了确切知道其中某一个电极的电位（通常是工作电极的电极电位），就必须有一个在测试过程中电极电位恒定且已知的电极作为参比来进行测量，为研究电极提供一个电位标准。

仅仅使用三电极系统还不够。随着电化学反应的进行，研究电极表面的反应物质的浓度不断减少，电极电位也随之发生或正或负的变化，也就是说随着电化学反应的进行，研究电极的电位会发生变化。为了使电极电位保持稳定，即将研究电极对参比电极的电位保持在设定的电位上，通常使用恒电位电解装置（恒电位仪），这样，便用了恒电位仪的三电极体系，可以提供用以解释电化学反应的电流-电位曲线，这种测定电流-电位曲线的方法叫做伏安法。

（3）循环伏安法测试超级电容比容量

伏安分析法是以被分析溶液中电极的电位-电流行为为基础的一类电化学分析方法。它将激励信号加在研究电极和对电极上，从起始电位 E_1 沿某一方向扫描到转折电位 E_2，然后再以同样的速度反向扫描至起始电位 E_1，同时记录正反向电位扫描的响应电流。激励信号有正弦波、三角波、方波等。如图 19-3(a) 所示的激励信号为三角波。在一定扫描速度下，从起始电位 E_1 正向扫描到转折电位 E_2 期间，溶液中还原态（Red）被氧化生成氧化态（Ox）(Red$-ne^-\rightarrow$Ox)，产生氧化电流；得到的电流-电位曲线叫阳极极化曲线。当负向扫描从转折电位变到原起始电位期间，在指示电极表面生成的 Ox 被还原生成 Red(Ox$+ne^-\rightarrow$Red)，产生还原电流，得到的电流-电位曲线叫做阴极极化曲线。两根极化曲线，组成了循环伏安曲线。由循环伏安法得到的响应电流随电极电位变化的曲线叫做循环伏安曲线，简称 CV 曲线（i-E 曲线）。它可以在 E_1、E_2 或 E_1 和新设定值 E_3 之间进行多次循环，也可以在任意时刻停止循环。常见的扫描电位与时间的关系如图 19-3(b) 所示。

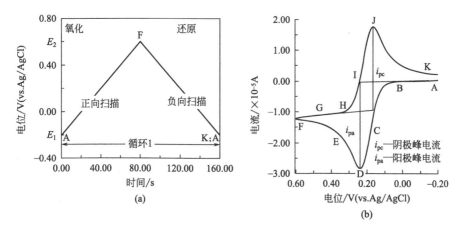

图 19-3　扫描电位与时间（a）和响应电流与扫描电位（b）的关系

对于双电层电容器，可以用平板电容器模型进行理想等效处理。
其电容值如式(19-3)所示

$$C = \frac{\varepsilon A}{3.6\pi d} \qquad (19\text{-}3)$$

式中，C 为电容，F；ε 为介电常数；A 为电极板正对面积，等效双电层有效面积，m^2；d 为电容器两极板之间距离，等效双电层厚度，m。

由式(19-3)可知，超级电容器的容量与双电层的有效面积成正比，与双电层厚度成反比。对于碳电极，双电层有效面积与碳电极的比表面积及电极上的碳载量有关。双电层厚度受溶液中离子的影响。因此，电极制备完成后，一旦电解液确定，电容器的容量便基本确定。

由公式 $C = \dfrac{\mathrm{d}Q}{\mathrm{d}\varphi}$，$\mathrm{d}Q = i\,\mathrm{d}t$，$v = \dfrac{\mathrm{d}\varphi}{\mathrm{d}t}$ 可得

$$C = \frac{\mathrm{d}Q}{\mathrm{d}\varphi} = \frac{i\,\mathrm{d}t}{\mathrm{d}\varphi} = \frac{i}{v} \qquad (19\text{-}4)$$

式中，i 为电流，A；$\mathrm{d}Q$ 为电量的微分，C；$\mathrm{d}t$ 为时间的微分，s；$\mathrm{d}\varphi$ 为电位的微分，V；v 为扫描速度，V/s。

由式(19-4)可知，在扫描速度一定的情况下，电极上通过的电流 i 是和电极的容量 C 成正比例关系的，也就是说对于一个给定的电极，通过对这个电极在一定的扫描速度下进行循环伏安测试，通过曲线纵坐标上电流的变化，就可以计算出电极电容的情况。然后按照电极上活性物质的质量就可以求算出这种电极材料的比容量。

$$C_{\mathrm{m}} = \frac{C}{m} = \frac{i}{m\,v} \qquad (19\text{-}5)$$

式中，m 为电极上活性材料的质量，g。

从式(19-5)来看，对于一个电容器，可在一定的扫速 v 下做 CV 测试。充电状态下，通过电容器的电流 i 是一个恒定的正值，而放电状态下的电流则为一个恒定的负值。这样，在 CV 图上就表现为一个理想的矩形，如图 19-4所示。基于 CV 曲线即可计算电容器的容量。

实际上，在电容器两端加上线性变化的电压信号时，电路中电流不会像纯电容那样立刻变化到恒定电流 i，而需经过一定时间。所以图中循环伏安曲线会出现一段有一定弧度的曲线，电容器的过渡时间 RC 较小时，曲线在外给信号改变后很快就能达到稳定电流 i，如图 19-5 所示。当 RC 较大时，曲线在外给信号改变后需要一定的时间才能达到稳定 i，曲线偏离矩形就较大。

考虑过渡时间 RC 的电极材料比容量

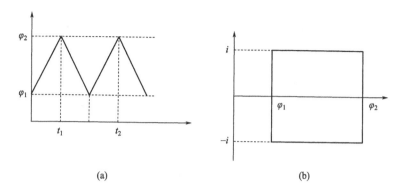

图 19-4　循环伏安测试的给定激励信号（a）及其电流响应信号（b）

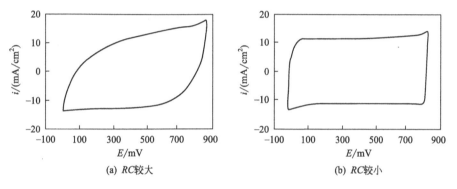

(a) RC较大　　　　　　(b) RC较小

图 19-5　实际循环伏安曲线（a）和理想循环伏安曲线（b）

$$C_{\mathrm{m}} = \frac{i}{m\,\mathrm{v}(1-\mathrm{e}^{-\frac{1}{RC}})} \tag{19-6}$$

从式(19-6) 中可以看出，在电容不变的情况下，电流随着扫描速度增大而成比例增大，过渡时间 RC 却不能随扫描速度发生变化，所以当以比容量为纵坐标单位时，扫描速度越快曲线偏离矩形就越远。因此可以在比较大的扫描速度下研究电极的电容性能。如果在较大的扫描速度下，曲线仍呈现较好的矩形，说明电极的过渡时间小，也就是说电极的内阻小，比较适合大电流工作，反之，电极不适合大电流工作，这种材料不能作为电化学电容器的活性材料。对双电层电容器，CV 曲线越接近矩形，说明电容性能越理想。

（4）测试实例

图 19-6 为活性炭电极在 0～1V 范围内的典型 CV 曲线，呈现出较理想的电容矩形特征。曲线关于零电流基线基本对称，说明材料在充放电过程中

所发生的氧化还原过程基本可逆。当扫描速度增加到 80mV/s 的时候，CV 曲线仍没有偏离矩形；同时，当扫描电位方向改变时，电流表现出了快速响应特征，说明电极在充放电过程中动力学可逆性良好。另外，由于界面可能会发生氧化还原反应，实际电容器的 CV 图总是会略微偏离矩形。因此，CV 曲线的形状可以反映所制备材料的电容性能。

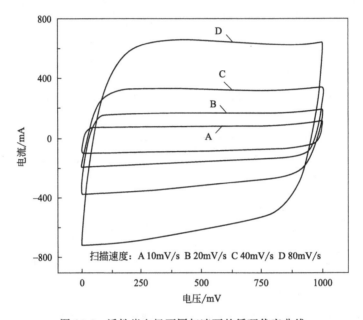

图 19-6　活性炭电极不同扫速下的循环伏安曲线

　　图 19-7 是 Ni(OH)$_2$ 电极在不同扫描速度下的典型伏安特性曲线。对于准电容型电容器，从循环伏安图中所表现出的氧化还原峰的位置，可以判断体系中发生了哪些氧化还原反应。同时，在电极的工作势窗内，随着扫描速度成倍地增加，同一电位下对应的电流也成倍增大，说明电极的容量和扫描速度无关，这从侧面反映了 Ni(OH)$_2$ 电极具有良好的可逆性。从图 19-7 还可以看出，在扫描电位范围内，出现法拉第氧化-还原峰，说明极化电极发生了法拉第氧化-还原反应，氢氧化镍的电化学反应如式(19-7) 所示。

$$Ni(OH)_2 + 2OH^- \underset{放电}{\overset{充电}{\rightleftharpoons}} NiOOH + H^+ + e^- \tag{19-7}$$

　　本实验有助于学生掌握循环伏安法表征电化学性能的原理及应用，同时能进一步理解超级电容器的两种不同储能机制。

（5）循环伏安法在超级电容器中的应用

　　循环伏安法一般用于研究电极材料的电极过程，它是一个十分有用的方

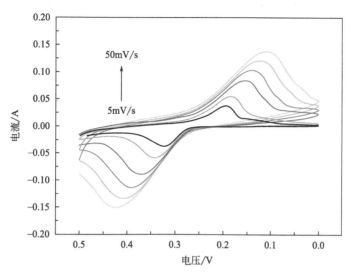

图 19-7 Ni(OH)$_2$ 电极的循环伏安曲线

法，能迅速提供电活性物质的稳定电位窗口，电极反应的可逆性，化学反应历程，电活性物质的吸附以及电极有效表面积、电容量等信息。

3．实验仪器与试剂

实验仪器：电化学工作站（饱和甘汞电极和铂片电极各 1 支）、活性炭和 Ni(OH)$_2$ 电极各 1 支（自制）。

实验试剂：KOH。

4．实验步骤

1）配制 50mL 浓度为 1mol/L 的 KOH 水溶液。

2）分清电化学工作站的工作电极、对电极和参比电极，分别接上待测电极、铂片和饱和甘汞电极，并将所有电极浸入电解液中。

3）打开电脑及电化学工作站，并打开测试软件。

4）选择循环伏安测量（cyclic voltammetry），并根据所测电极的电位窗口［活性炭电极为 0～1V，Ni(OH)$_2$ 电极为 0～0.55V］设置测量参数：初始电位、高电位、低电位、结束电位、扫描速度等。

5）点击运行，开始测量，待测试完成后保存数据。

6）改变扫描速度，重复测量，保存好数据。

7）测试完毕后，关闭电化学工作站，对实验结果进行处理与分析。

8）实验完成后，将所有药品，试剂、仪器归还到原位。

5．注意事项

1）三电极系统的接法必须正确。

2）必须严格按照操作规程进行实验。

6．实验报告内容

1）分别阐述活性炭电极和氢氧化镍电极用于超级电容器的工作原理。

2）测试不同扫描速度下的循环伏安曲线（至少 4 组），分别将活性炭电极和氢氧化镍的循环伏安曲线处理成如图 19-6 和图 19-7 所示，并对结果进行分析。

3）比较双层型电极与准电容型电极的循环伏安曲线。

7．思考题

1）对于活性炭电极，实际测量的 CV 曲线为何会偏离矩形？偏离矩形程度的大小说明了什么问题？

2）对于 $Ni(OH)_2$ 电极，CV 曲线中为什么会出现一对氧化还原峰？

参考文献

[1] Conway B E. Electrochemical Supercapacitors: Scientific Fundamentals and Technological Applications [M]. New York: Springer, 1999.

[2] Xiao T, Hu X, Heng B, et al. Ni (OH)$_2$ nanosheets grown on graphene-coated nickel foam for high-performance pseudocapacitors [J]. Journal of Alloys and Compounds, 2013, 549: 147-151.

超级电容器的内阻及容量测试

1. 实验目的

1) 掌握计时电位法测量超级电容器内阻及容量的原理。

2) 掌握计时电位法测量超级电容器的测量技术及数据的处理。

2. 实验原理

恒流充放电法是电容器性能测试时最常见、最重要的实验方法。目前常用的电化学电容器静电容量测试方法有恒压充放电和恒流充放电法（也叫计时电位法）。恒压法就是用恒定电压对电容器充电，通过电容器端电压的变化计算电容器的静电容量。恒流法是用恒定电流对电容器充电，根据充放电过程回路电压的变化计算静电电容量。

(1) 容量计算

对于超级电容器的双电层电容可以用平板电容器模型进行理想等效处理。根据平板电容模型，电容量计算公式为

$$C = \frac{\varepsilon S}{4\pi d} \tag{20-1}$$

式中，C 为电容，F；ε 为介电常数；S 为电极板正对面积，等效双电层有效面积，m^2；d 为电容器两极板之间的距离，等效双电层厚度，m。

利用公式 $dQ = i\,dt$ 和 $C = Q/\varphi$ 得

$$i = \frac{dQ}{dt} = C\frac{d\varphi}{dt} \tag{20-2}$$

式中，i 为电流，A；dQ 是电量微分，C；dt 是时间微分，s；$d\varphi$ 为电位的微分，V。

采用恒流充放电测试方法时，对于超级电容，根据式（20-2）可知，如

果电容量 C 为恒定值，那么 $\mathrm{d}\varphi/\mathrm{d}t$ 将会是一个常数，即电位随时间是线性变化的关系。也就是说，理想电容器的恒流充放电曲线是直线，如图 20-1 (a) 所示。可以利用恒流充放电曲线来计算电极活性物质的比容量

$$C_{\mathrm{m}} = \frac{it_{\mathrm{d}}}{m\Delta V} \qquad (20\text{-}3)$$

式中，t_{d} 为充/放电时间，s；ΔV 为充/放电电压升高/降低平均值，可以利用充放电曲线进行积分计算而得到

$$\Delta V = \frac{1}{t_2 - t_1} \int_1^2 V \mathrm{d}t \qquad (20\text{-}4)$$

在实际求比电容量时，为了方便计算，常采用 t_2 和 t_1 时的电压差值，即

$$\Delta V = V_2 - V_1 \qquad (20\text{-}5)$$

对于单电极比容量，式(20-3) 中的 m 为单电极上活性物质的质量。若计算的是电容器的比容量，m 则为两个电极上活性物质质量的总和。

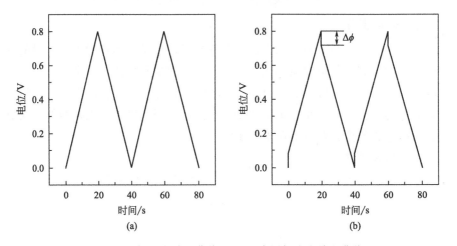

图 20-1 理想恒流充放电曲线 (a) 和实际恒流充放电曲线 (b)

(2) 内阻计算

在实际情况中，由于电容器存在一定的内阻，充放电转换的瞬间会有一个电位的突变，如图 20-1(b) 所示。利用这一突变可计算电极或者电容器的等效串联电阻

$$R = \frac{\Delta\phi}{2i} \qquad (20\text{-}6)$$

式中，R 为等效串联电阻，Ω；i 为充放电电流，A；$\Delta\phi$ 为电位突变的

值，V。

等效串联电阻是影响电容器功率特性最直接的因素之一，也是评价电容器大电流充放电性能的一个直接指标。

（3）测试实例

如图 20-2 所示。

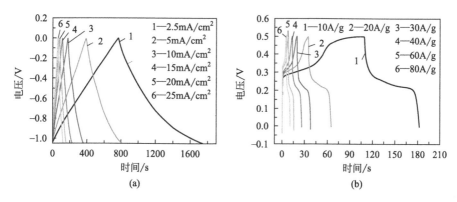

图 20-2 不同电流密度下，典型的活性炭电极（a）
和氢氧化镍电极（b）的充放电曲线

本实验有助于学生理解超级电容器容量和内阻的表征方法及原理，进而了解工业上超级电容器性能的检测评价方法。

3．实验仪器与试剂

实验仪器：电化学工作站、电子天平、饱和甘汞电极、铂片电极、烧杯（50mL）、活性炭电极（活性材料质量已知）。

实验试剂：KOH。

4．实验步骤

1）配制 50mL 浓度为 1mol/L 的 KOH 电解液。

2）分别将工作电极、对电极、饱和电极接好，并浸入电解液中。

3）打开电脑及电化学工作站，并打开测试软件。

4）选择计时电位测量（chronopotentiometry）并设置测量参数：阳极电流、阴极电流、高电位、低电位、测量段数等。

5）点击运行，开始测量，待测试完成后保存数据。

6）改变电流大小，重复测量，保存好数据。

7）测试完毕后，关闭电化学工作站，对实验结果进行处理与分析，计算比电容与内阻。

8）实验完成后，将所有试剂、仪器等还到原位。

5. 注意事项

1）三电极体系的接法必须正确。

2）必须严格按照操作规程进行实验。

6. 实验报告内容

1）阐述计时电位法测试比电容的原理。

2）测试不同电流密度的恒流充放电曲线（至少 4 组），并同 Origin 软件将测试结果处理成图 20-2，并分别计算不同电流密度下活性炭电极和氢氧化镍电极的比电容。

3）计算活性炭电极的内阻。

7. 思考题

1）电极材料的哪些因素会影响超级电容器性能？

2）不同电流下电极的比电容有什么变化规律？产生这种现象的原因是什么？

3）电极材料的内阻跟哪些因素有关？

参考文献

[1] Meryl D Sotoller, Rodney S Ruoff. Best practice methods for determining an electrode material's performance for ultracapacitors [J]. Energy & Environmental Science, 2010, 3: 1294-1301.

[2] Lei Z, Christov N, Zhao X S. Intercalation of mesoporous carbon spheres between reduced graphene oxidesheets for preparing high-rate supercapacitor electrodes [J]. Energy & Environmental Science, 2011, 4: 1866.

[3] Wu D, Xiao T, Tan X, et al. High-performance asymmetric supercapacitors based on cobaltchloride carbonate hydroxide nanowire arrays and activated carbon [J], Electrochimica Acta, 2016, 198: 1-9.

磷酸铁锂正极/石墨负极
的充放电测试

1. 实验目的

1) 熟悉并会分析磷酸铁锂正极/石墨负极的充放电曲线。

2) 分析磷酸铁锂电池与半电池循环稳定性能的不同。

2. 实验原理

磷酸铁锂（$LiFePO_4$）电极材料主要用于各种锂离子电池的正极材料。$LiFePO_4$ 正极材料的理论电化学比容量为 $170mA \cdot h/g$，相对金属锂的电极电位约为 $3.45V$，理论能量密度为 $550W \cdot h/kg$。石墨呈层状结构，相邻碳层之间以弱范德瓦尔斯力结合，有利于锂离子在碳层间的嵌入和脱出。石墨的理论容量为 $372mA \cdot h/g$，相当于形成一阶化合物 LiC_6。锂离子的嵌入和脱出反应均发生在 $0 \sim 0.25V$ 之间，具有良好的充放电电压平台。

标准单体磷酸铁锂电池的充电电压为 $3.2V$，最高充电电压 $3.65V$，最低放电电压为 $2V$。$LiFePO_4$ 材料的充放电反应如下。

充电反应 $LiFePO_4 - xLi^+ - xe \rightarrow xFePO_4 + (1-x)LiFePO_4$

放电反应 $FePO_4 + xLi^+ + xe \rightarrow xLiFePO_4 + (1-x)FePO_4$

通过充放电测试，可以分析锂离子脱出和嵌入的电位，电极材料的比容量，首次库伦效率以及电极的循环稳定性能、倍率性能等一系列电化学性能。本实验组装成全电池对磷酸铁锂正极和石墨负极材料进行充放电测试。

3. 实验仪器与试剂

实验仪器：电池性能测试系统、手套箱。

实验试剂：磷酸铁锂/碳材料、石墨、电解液（1mol/L LiFP$_6$/EC＋DMC）、隔膜、2032 电池壳。

4．实验步骤

(1) 制电极片

1）称取 0.08g 改性石墨，0.01g 乙炔黑，0.50mL 聚偏氟乙烯（PVDF）溶于 NMP(0.50mL 0.02g/mL)，均匀混合，作为负极浆料。然后称取 0.08g 磷酸铁锂/碳，0.01g 乙炔黑，0.50mL 聚偏氟乙烯（PVDF）溶于 NMP(0.50mL 0.02g/mL)，均匀混合，作为正极浆料。

2）刮膜：将均匀混合后的负极浆料和正极浆料分别涂布在铜箔和铝箔上，形成均匀的薄膜，80℃烘干。

3）冲片：用切片机切成直径 14 mm 的圆形电极片（活性物质负载量约为 1.5mg/cm^2）。

4）压片：用压片机在 6MPa 的压力下进行辊压得到电极片，用培养皿装好后放入真空干燥箱中，在 120℃中干燥 12h，留待组装纽扣电池使用。

(2) 组装电池

将真空烘干后的电极片立即转移到氩气气氛手套箱（MIKROUNA，Super 1220/750，H$_2$O 体积分数＜1×10^{-6}，O$_2$ 体积分数＜1×10^{-6}）中，准确称量后，计算出活性物质质量[活性物的质量＝（极片质量－载流体质量）×0.8]。再将电极片、金属锂电片、电解液（1mol/L LiFP$_6$/EC＋DMC）、隔膜和泡沫镍按一定顺序组装成 2032 型纽扣电池[正极壳→正极电极片(滴电解液)→隔膜(电解液浸润)→负极电极片→泡沫镍→负极壳]。静置 8h 后进行电化学性能测试。

(3) 充放电测试

1）将组装好的纽扣电池置于电池性能测试系统上。

2）设置参数（图 21-1）并测试。

静置 1min；恒流放电，放电电流密度为 100mA/g，电压区间为 2.5～4V；静置 1min；恒流充电，充电电流密度为 100mA/g，电压区间为 2.5～4V。

充放电循环次数：50 次。

3）按照程序启动电池，输入电极片活性物质质量。

4）后期观察：打开测试数据分析充放电比容量，观察充放电电压平台。

5．注意事项

1）不同的充放电电流密度影响电池的比容量。

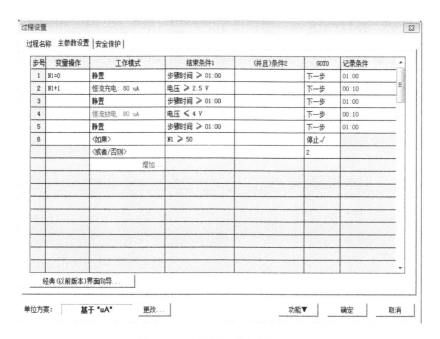

图 21-1　充放电测试主参数设置

2）不同的充放电电压影响电池的比容量。

6. 实验报告内容

1）分析磷酸铁锂正极/石墨负极的充放电压平台。

2）分析磷酸铁锂正极/石墨负极的循环稳定性能。

7. 思考题

1）全电池与半电池循环稳定性能相比如何？

2）全电池的比容量如何计算？

3）全电池中正负极材料的质量比例如何确定？

参考文献

[1]　Wang J, Liu P, Hicks-Garner J, et al. Cycle-life model for graphite-LiFePO$_4$ cells [J].
　　　Journal of Power Sources, 2011, 196（8）: 3942-3948.

[2]　Zhou X, Wang F, Zhu Y, et al. Graphene modified LiFePO$_4$ cathode materials for high
　　　power lithium ion batteries [J]. Journal of Materials Chemistry, 2011, 21（10）:
　　　3353-3358.

[3]　Wang G X, Yang L, Bewlay S L, et al. Electrochemical properties of carbon coated LiFe-PO$_4$ cathode materials [J] . Journal of Power Sources, 2005, 146 (1-2) : 521-524.

[4]　Wang G, Liu H, Liu J, et al. Mesoporous LiFePO$_4$/C Nanocomposite Cathode Materials for High Power Lithium Ion Batteries with Superior Performance [J] . Advanced Materials, 2010, 22 (44) : 4944-4948.

实验22

石墨负极的循环伏安测试

1. 实验目的

1）学会分析改性石墨负极材料循环伏安曲线。

2）了解循环伏安法的工作原理。

3）掌握循环伏安测试方法。

2. 实验原理

循环伏安法（cyclic voltammetry）是一种常用的电化学研究方法。该法控制电极电势以不同的速率，随时间以三角波形一次或多次反复扫描，电势范围是使电极上能交替发生不同的还原和氧化反应，并记录电流-电势曲线。根据曲线形状可以判断电极反应的可逆程度，中间体、相界吸附或新相形成的可能性，以及偶联化学反应的性质等。常用来测量电极反应参数，判断其控制步骤和反应机理，并观察整个电势扫描范围内可发生哪些反应，以及其性质如何。对于一个新的电化学体系，首选的研究方法往往就是循环伏安法，可称之为"电化学的谱图"。

如以等腰三角形的脉冲电压加在工作电极上，得到的电流电压曲线包括两个分支，如果前半部分电位向阴极方向扫描，电活性物质在电极上还原，产生还原波，那么后半部分电位向阳极方向扫描时，还原产物又会重新在电极上氧化，产生氧化波。因此一次三角波扫描，完成一个还原和氧化过程的循环，故该法称为循环伏安法，其电流-电势曲线称为循环伏安图。如果电活性物质可逆性差，则氧化波与还原波的高度就不同，对称性也较差。循环伏安法中电势扫描速度可从每秒钟数毫伏到1V。

石墨负极材料广泛应用在锂离子电池领域，通过测试石墨的循环伏安曲线，可以深入理解石墨负极的嵌锂过程和嵌锂机制，这对研究改性石墨的电化学性能具有重要意义，在其他相关负极材料中的电化学动力学研究也可以借鉴。

3. 实验仪器与试剂

实验仪器：电化学工作站、手套箱。

实验试剂：改性石墨、锂片、电解液（LiFP$_6$/EC＋DMC）、隔膜、2032 电池壳。

4. 实验步骤

(1) 制电极片

1）混料：称取 0.08g 改性石墨，0.01g 乙炔黑，0.50mL 聚偏氟乙烯（PVDF）溶于 NMP(0.50mL 0.02g/mL)。均匀混合。

2）刮膜：将均匀混合后的料涂布在铜箔上，形成均匀的薄膜。80℃下烘干。

3）冲片：用切片机切成直径 14 mm 的圆形电极片（活性物质负载量约为 1.5mg·cm^{-2}）。

4）压片：用压片机在 6MPa 的压力下进行辊压得到电极片，用培养皿装好后放入真空干燥箱中，在 120℃中干燥 12h，留待组装纽扣电池使用。

(2) 组装电池

将真空烘干后的电极片立即转移到氩气气氛手套箱（MIKROUNA，Super 1220/750，H$_2$O 体积分数＜1×10^{-6}，O$_2$ 体积分数＜1×10^{-6}）中，准确称量后，计算出活性物质质量[活性物的质量＝（极片质量－铜箔质量）×0.8]。再将电极片、金属锂电片、电解液（1mol/L LiFP$_6$/EC＋DMC）、隔膜和泡沫镍按一定顺序组装成 2032 型纽扣电池[正极壳→电极片（滴电解液）→隔膜（电解液浸润）→锂片→泡沫镍→负极壳]。静置 8h 后进行电化学性能测试。

(3) 循环伏安测试

1）将组装好的纽扣电池置于电化学工作站测试。

2）设置参数：扫描速度 0.1mV/s，扫描段数 7 段；扫描电压范围 0～1.5V。循环伏安参数设置如图 22-1 所示。

3）启动程序，待测试完成时保存数据。

5. 注意事项

扫描速率影响循环伏安曲线。

6. 实验结果处理

1）分析石墨负极材料嵌锂、脱锂电位。

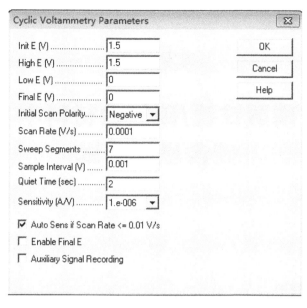

图 22-1 循环伏安参数设置

2）分析石墨负极材料首次循环伏安曲线与第二次循环伏安曲线的区别。

7. 思考题

1）为什么石墨负极材料首次循环伏安曲线与第二次循环伏安曲线会不同？

2）石墨循环伏安曲线与石墨充放电曲线有哪些区别和联系？

参考文献

[1] Guo H J, Li X H, Wang Z X, et al. Mild oxidation treatment of graphite anode for Li-ionbatteries [J]. Journal of Central South University of Technology, 2005, 12（1）: 50-54.

[2] Zheng H, Jiang K, Abe T, et al. Electrochemical intercalation of lithium into a natural graphite anode in quaternary ammonium-based ionic liquid electrolytes [J]. Carbon, 2006, 44（2）: 203-210.

[3] Yamaguchi S, Asahina H, Hirasawa K A, et al. SEI film formation on graphite anode surfaces in lithium ion battery [J]. Molecular Crystals and Liquid Crystals Science and Technology. Section A. Molecular Crystals and Liquid Crystals, 1998, 322（1）: 239-244.

[4] Gao S W, Gong X Z, Liu Y, et al. Energy consumption and carbon emission analysis of natural graphite anode material for lithium batteries [J]. Materials Science Forum, 2018, 913: 985-990.

磷酸铁锂/碳复合材料中
碳含量的测试

1. 实验目的

1）掌握碳硫分析仪的使用方法。

2）了解碳硫分析仪的工作原理。

3）学会使用碳硫分析仪测试碳含量。

2. 实验原理

载气（氧气）经过净化后，导入燃烧炉（电阻炉或高频炉），样品在燃烧炉高温下通过氧气氧化，使得样品中的碳和硫氧化为 CO_2、CO 和 SO_2，所生成的氧化物通过除尘和除水净化装置后被氧气载入到硫检测池测定硫。此后，含有 CO_2、CO、SO_2 和 O_2 的混合气体一并进入到加热的催化剂炉中，在催化剂炉中经过催化转换 $CO \rightarrow CO_2$，$SO_2 \rightarrow SO_3$。这种混合气体进入到除硫试剂管后，导入碳检测池测定碳。残余气体由分析器排放到室外。与此同时，碳和硫的分析结果以％C 和％S 的形式显示在主机的液晶显示屏和连接的计算机显示器上并储存在计算机里，可以随时调出，也可以通过连接的打印机打印输出。

常用的实验方法有以下几种。

(1) 红外吸收法（红外碳硫分析仪）

试样中的碳、硫经过富氧条件下的高温加热，氧化为二氧化碳、二氧化硫气体。该气体经处理后进入相应的吸收池，对相应的红外辐射进行吸收，由探测器转发为信号，经计算机处理输出结果。此方法具有准确、快速、灵敏度高的特点，碳、硫含量高低均可使用。采用此方法的红外碳硫分析仪自动化程度较高，价格也比较高，适用于分析精度要求较高的场合。

（2）电导法（电导碳硫仪）

这是一种根据电导率的变化来测量分析碳硫含量的方法。被测样品经高温燃烧后产生的混合气体，经过电导池的吸收后，电阻率发生改变，从而测定碳、硫的含量。这种方法特点是准确、快速、灵敏，多用于低碳、低硫的测定。

（3）重量法（碳硫联合测定仪）

常用碱石棉吸收二氧化碳，由"增量"求出碳含量。硫的测定常用湿法，试样用酸分解氧化，转变为硫酸盐，然后在盐酸介质中加入氯化钡，生成硫酸钡，经沉淀、过滤、洗涤、灼烧、称量后计算得出硫的含量。这种方法缺点是分析速度慢，所以不可能用于企业现场碳硫分析，优点是具有较高的准确度，至今仍被国内外作为标准方法推荐，适用于标准实验室和研究机构。

（4）滴定法（滴定仪）

非水滴定仪系采用酸碱滴定法测定钢铁中的碳、硫元素，与电弧燃烧炉匹配，适用于一般化验室、炉前化验等使用。

（5）容量法（气容碳硫仪）

常用的有测碳的气体容量法，测硫的碘量法、酸碱滴定。特别是气体容量法测碳、碘量法测硫准确、快速，是我国碳、硫联合测定最常用的方法。采用此方法的碳硫分析仪的精度是，碳含量下限为 0.050%，硫含量下限为 0.005%，能达到大多数场合下的要求。

碳硫分析仪的应用范围非常广泛，包括金属、矿石、陶瓷、水泥、石灰、橡胶、煤、焦炭、碳化物、石墨、催化剂、土壤、垃圾、蔬菜、沙子、玻璃等固体和流体材料，尤其适用于钢铁材料中碳硫含量的测定。

3．实验仪器与试剂

实验仪器：高频红外碳硫分析仪。

实验试剂：磷酸铁锂/碳复合材料。

4．实验步骤

1）按照顺序依次分别打开电脑电源、碳硫分析仪软件、分析仪电源、炉子电源，氧气阀门（大于0.2）、升降炉。

2）称量样品。首先称量 1.5g 钨粒，其次称量 0.3g 纯铁，最后称量 0.15g 锰铁，采用天平打印。观察碳硫空白的稳定性。

3）打开升降炉，进行标样。

4）连续标样3次后根据标样进行系数校正。

5）称量 1.5g 钨粒，其次称量 0.3g 纯铁，输入样品的实际重量，置于升降炉上，进行测试。

6）关机，降炉，取出坩埚，清扫石英管。

5. 注意事项

标样选择：尽量选取与样品碳含量接近的标样。

6. 实验报告内容

分析磷酸铁锂/碳复合材料的碳含量。

7. 思考题

1）磷酸铁锂/碳复合材料中碳含量如何影响材料的电化学性能？

2）磷酸铁锂正极材料中为什么要加入碳？

参考文献

[1] Liu J, Wang J W, Yan X D, et al. Long-term cyclability of LiFePO₄/carbon composite cathode material for lithium-ion battery applications [J]. Electrochimica Acta, 2009, 54 (24): 5656-5659.

[2] Toprakci O, Ji L, Lin Z, et al. Fabrication and electrochemical characteristics of electrospun LiFePO₄/carbon composite fibers for lithium-ion batteries [J]. Journal of Power Sources, 2011, 196 (18): 7692-7699.

[3] Toprakci O, Toprakci H A, Ji L, et al. Carbon nanotube-loaded electrospun LiFePO₄/carbon composite nanofibers as stable and binder-free cathodes for rechargeable lithium-ion batteries [J]. ACS Appl Mater Interfaces, 2012, 4 (3): 1273-1280.

[4] Wang Y, Wang Y, Hosono E, et al. The design of a LiFePO₄/carbon nanocomposite with a core-shell structure and its synthesis by an in situ polymerization restriction method [J]. Angew. Chem. Int. Ed. , 2008, 47: 7461-7465.

[5] https: //wenku. baidu. com/view/e931844ad1f34693dbef3eba. html （碳硫分析仪的几种分析化验方法，鹤壁市伟琴仪器仪表有限公司）

实验24

直流四探针法测量石墨的电阻率

1. 实验目的

1）理解直流四探针电阻率测试仪的工作原理。

2）掌握粉末压片机的使用方法。

3）掌握直流四探针电阻率测试仪的使用方法。

2. 实验原理

电阻率是反映材料导电性能的重要参数。根据材料电阻率的不同，可以把材料分为超导体、导体、半导体和绝缘体。测试材料的电阻率，可以换算成电导率，从而确定材料的导电性能，而材料的导电性是材料众多物理性能中重要的性能之一。

直线型四探针法是用针距为 s（本实验 $s=1mm$）的四根金属同时排成一列压在平整的样品表面上，如图 24-1 所示，其中最外部二根（图 24-1 中 1、4 两探针）与恒定电流源连通，由于样品中有恒电流 I 通过，所以将在探针 2、3 之间产生压降 V。

对半无穷大均匀电阻率的样品，若样品的电阻率为 ρ，点电源的电流为 I，则当电流由探针流入样品时，在 r 处形成的电势 $V(\text{r})$ 为

$$V(\text{r})=\frac{I\rho}{2\pi r}$$

同理，当电流由探针流出样品时，在 r 处形成的电势 $V(\text{r})$ 为

$$V(\text{r})=-\frac{I\rho}{2\pi r}$$

可以看到，探针 2 处的电势 V_2 是处于探针点电流源 1 处 $+I$ 和处于探针 4 处的点电流源 $-I$ 贡献之和，因此

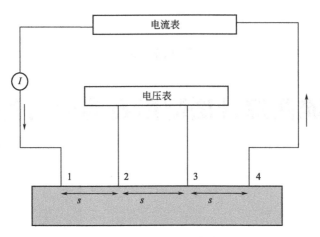

图 24-1　四探针接线图

$$V_2 = \frac{I\rho}{2\pi} \times \left(\frac{1}{s} - \frac{1}{2s} \right)$$

同理探针 3 处的电压为 $V_3 = \frac{I\rho}{2\pi} \times \left(\frac{1}{2s} - \frac{1}{s} \right)$

探针 2 和 3 之间的电势差为 V_{23}

$$V_{23} = V_2 - V_3 = \frac{I\rho}{2\pi s}$$

由此可得出样品的电阻率为

$$\rho = \frac{2\pi s V_{23}}{I}$$

对等距直线排列的四探针法，已知相连探针间距 s，测出流过探针 1 和探针 4 的电流强度 I，探针 2 和探针 3 之间的电势差 V_{23}，就能求出半导体样品的电阻率。

测量电阻率的方法很多，但直流四探针法设备简单、操作方便、精确度高、测量范围广，而且对样品形状无严格要求，不仅能测量大块材料的电阻率，也能测量薄膜、扩散层、异形层、离子注入层的电阻率，因此在科研研究以及实际生产中得到了广泛利用。

3．实验仪器与材料

实验仪器：压片机、四探针电阻率测试仪。

实验材料：石墨（1200 目，即约 $10\mu m$）。

4．实验步骤

1）将石墨置于压片机模具中进行压片。

2）压片机压力于 3MPa 保压 3min。

3）打开模具，取出压制好的石墨片。

4）测量石墨片的直径和厚度。

5）将石墨片置于四探针电导率测试仪器上。

6）根据石墨片直径和厚度设置电流。

7）记录石墨的电导率。

5. 注意事项

石墨片要比较薄。

6. 实验报告内容

1）记录石墨的电阻率。

2）根据电阻率换算成电导率。

7. 思考题

1）石墨片的厚度是否影响测试结果？

2）薄膜材料如何测试？

参考文献

［1］ 黄可龙，王兆翔，刘素琴．锂离子电池原理与关键技术［M］．北京：化学工业出版社，2008.

［2］ 吴宇平．锂离子电池：应用与实践．第2版［M］．北京：化学工业出版社，2012.

［3］ 杨军．化学电源测试原理与技术［M］．北京：化学工业出版社，2006.

［4］ 田莳．材料物理性能［M］．北京：北京航空航天大学出版社，2014.

［5］ 关振铎．无机材料物理性能［M］．北京：清华大学出版社，2011.

太阳能电池基本特性测试

1. 实验目的

1）理解太阳能电池的工作原理和基本特性参数（短路电流 I_{sc}、开路电压 U_{oc}、最大输出功率 P_m 及填充因子 FF），并掌握其计算方法。

2）测定太阳能电池在恒定光照下的输出特性。

3）测定太阳能电池在不同光距和光入射角下的输出特性。

2. 实验原理

（1）太阳能电池的工作原理

太阳能电池是一种能够将光能转换成电能的装置，这一能量转换过程是利用半导体 PN 结的光生伏特效应（photovoltaic effect）进行的。

太阳能电池采用 PN 结结构，当 P 型半导体（空穴作为多数载流子）和 N 型半导体（电子作为多数载流子）相互连接时，由于存在载流子浓度梯度，如图 25-1 所示，P 型半导体中的空穴将向 N 型半导体中扩散，而 N 型半导体中的电子将向 P 型半导体中扩散。对于 N 型半导体，电子离开后，留下了不可动的带正电荷的电离施主，出现一个正电荷区；而对于 P 型半导体，空穴离开后，留下了不可动的电离受主，出现一个负电荷区。这些正负电荷在 PN 界面处聚集，形成空间电荷区，空间电荷区中的电荷产生了一个从 N 型半导体指向 P 型半导体的电场，称为内建电场。在内建电场的作用下，载流子做漂移运动。显然，电子和空穴的漂移运动方向与它们各自的扩散运动方向相反。达到平衡后，扩散运动和漂移运动相等，产生稳定的内建电场，此时，流过 PN 结的净电流为零。在能量大于 PN 结禁带宽度的光照下，PN 结即产生电子-空穴对，在内建电场的作用下，光生电子和空穴分离（少数载流子），分别被 N 型半导体和 P 型半导体吸引。如果用一根导线将 P 型区与 N 型区连接在一起，则电路中出现电流。如果光照 PN 结处于开路状态，被内建电场分开的光生电子和空穴分别在 N 型半导体和 P 型半导体两端累积起来，形成一个与内建电场电势方向相反的电势差，这个电势差就是光生电动势，这个效应就是光生伏特效应，是太阳能电池的基本工作原理。光子所携带的能量小于禁带能量时，对太阳能电池而言并没有什么作用，不会产生任何的电流。在太阳光照射到太阳能电池产生电子-空穴对的同时，也会有部分的能量以热能形式散逸掉而不能被有效地利用。

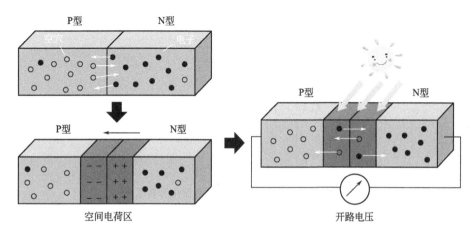

图 25-1　太阳能电池的工作原理

（2）太阳能电池的等效电路

当连接负载的太阳能电池受到光的照射时，太阳能电池可看作是产生光生电流的恒流源，因此可以建立一个等效理论模型来分析其工作特性，它与一个理想二极管和一个电阻 R_{sh} 并联，并串有一个电阻 R_s，等效电路如图 25-2 所示。图中，I_{ph} 为太阳能电池在光照时该等效电源输出的电流，I_d 为光照时通过太阳能电池内部二极管的电流，I_0 为二极管反向饱和电流，I 为太阳能电池的输出电流，U 为输出电压。

$$I = I_{ph} - I_d - I_{sh} = I_{ph} - I_0 \left(e^{\frac{q(U+IR_s)}{nkT}} - 1 \right) - \frac{U+IR_s}{R_{sh}} \tag{25-1}$$

式中，q 为电子电量，1.602×10^{-19} C，n 为二极管理想因子，k 为玻尔兹曼常数，T 为温度。

假定 $R_{sh} = \infty$ 和 $R_s = 0$，则太阳能电池可简化为图 25-3 所示电路。

可以得到

$$I = I_{ph} - I_d = I_{ph} - I_0 (e^{\beta U} - 1)$$

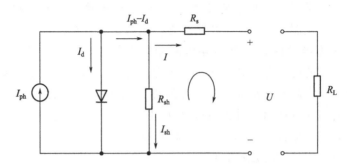

图 25-2 太阳能电池的理论模型等效电路

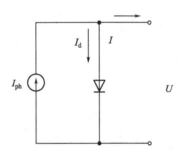

图 25-3 太阳能电池的理论模型简化等效电路

$$\beta = \frac{q}{nkT} \tag{25-2}$$

(3) 太阳能电池的基本特性参数

在太阳能电池的正负极两端，连接负载 R，在一定的光照和温度下，改变电阻值，使其由零（短路）变到无穷大（开路），可以得到负载 R 两端的电压 U 和流过的电流 I 之间的函数关系曲线。组成电池的回路中，如果负载电阻 R 为无穷大，则被 PN 结分开的电子和空穴，全部累积在 PN 结附近，于是出现了最大的光生电压，其数值即为开路电压（U_{oc}）。在开路时 $I_{ph} - I_0(e^{\beta U_{oc}} - 1) = 0$，则可得到 $U_{oc} = \frac{1}{\beta}\ln\left[\frac{I_{ph}}{I_0} + 1\right]$。如果负载电阻 R 为零，则所有 PN 结附近的电子和空穴，由结的一边，流经外电路到达结的另一边，产生了最大电流，即短路电流（I_{sc}）。在短路时 $U = 0$，$I_{sc} = I_{ph}$，即短路电流等于光生电流。

调节负载电阻 R 到某一数值 R_m 时，其对应的工作电流 I_m 和工作电压 U_m 的乘积 P_m 为最大，此点为太阳能电池的最佳工作点，此时的功率为太阳能电池的最大输出功率 P_m。最大输出功率 P_m 与短路电流 I_{sc} 和开路电压 U_{oc} 的比值称为填充因子 FF。

$$FF = \frac{P_m}{I_{sc}U_{oc}} = \frac{I_mU_m}{I_{sc}U_{oc}}$$

本实验采用太阳能电池特性实验箱进行太阳能电池基本特性测试，让学生掌握太阳能电池特性参数的基本测试方法，为后续从事相关领域工作奠定良好的基础。由于设备所配光源为普通白炽灯，在测试过程中会遇到电池板温度升高的情况，从而对电池性能造成一定影响。

3. 实验仪器与材料

实验仪器：太阳能电池基本特性测试仪（含 3 位半数字电压表 0～2V，内阻 100kΩ；3 位半数字电流表 0～20mA，内阻 10kΩ；直流稳压电源 0～5V 连续可调）。光具座及滑块座。电阻箱（0～99999.9Ω）。光源（25W 白炽灯）。

实验材料：太阳能电池组件、导线。

4. 实验步骤

(1) 测量太阳能电池在恒定光照下的输出特性

1）按图 25-4 所示电路方式安排仪器。

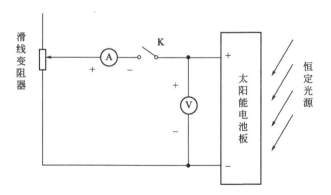

图 25-4 太阳能电池基本特性测量电路

2）用白炽灯照射，保持光源与太阳能电池之间一定的距离。

3）改变电阻箱阻值 R_L，测量太阳能电池在不同负载电阻下的输出电流 I 和输出电压 U，实验数据列于表 25-1 中，画出 I-U、P-U 曲线。

4）根据 I-U、P-U 曲线求短路电流 I_{sc}、开路电压 U_{oc}、最大输出功率

P_m 及填充因子 FF。

(2) 测量太阳能电池在不同光距下的输出特性

1）按图 25-4 所示电路方式安排仪器。

2）用白炽灯照射，保持负载电阻大小 R_L、光入射角度不变。

表 25-1 太阳能电池在不同负载电阻下的输出电流 I、
输出电压 U 和输出功率 P 实验数据

R_L/Ω	0	50	100	150	200	250	300	350	400	450
U/V										
I/mA										
P/mW										
R_L/Ω	500	550	600	650	700	750	800	850	900	950
U/V										
I/mA										
P/mW										
R_L/Ω	1.0k	2.0k	3.0k	4.0k	5.0k	6.0k	7.0k	8.0k	9.0k	10.0k
U/V										
I/mA										
P/mW										

3）改变太阳能电池组件与模拟光源之间的距离 S。在模拟光源底座上标有 50，100，150，200，250，300，350，400，450，500，550，600 的光距（单位：mm）标识，将光距调整到对应刻度。记录相应光距下的短路电流 I_{sc} 和开路电压 U_{oc} 值。

4）完成表 25-2，画出 I_{sc} 和 U_{oc} 与光距 S 的关系曲线。

表 25-2 不同光距下太阳能电池的输出特性数据表

s/mm	50	100	150	200	250	300
U_{oc}/V						
I_{sc}/mA						
s/mm	350	400	450	500	550	600
U_{oc}/V						
I_{sc}/mA						

（3）测量太阳能电池在不同入射角下的输出特性

1）按图 25-4 所示电路方式安排仪器。

2）用白炽灯照射，保持负载电阻大小 R_L、太阳能电池组件与光源距离 s 不变。

3）改变太阳能电池组件的光入射角，记录相应入射角下的短路电流 I_{sc} 和开路电压 U_{oc} 值。

4）完成表 25-3，画出 I_{sc} 和 U_{oc} 与光入射角的关系曲线。

表 25-3 I_{sc} 和 U_{oc} 与光入射角的关系数据表

入射角度/(°)							
U_{oc}/V							
I_{sc}/mA							

5．注意事项

1）插座为 220V 输出，必须关闭电源开关后，保持太阳能电池组件无光照条件下方可操作，避免发生触电事故。

2）实验测试结果会受到实验室杂散光的影响，使用中尽量保持较暗的测试环境。

3）由于各台仪器使用的太阳能电池光电转换效率、白炽灯的发射光谱存在一定的个体差异，而且实验仪器所处的环境亮度不尽相同，这些因素均可能导致各台仪器之间测量结果存在一定差异，但并不影响物理规律的反映。

4）如果实验室电压波动较大，请加稳压电源后使用本仪器。

6．实验报告内容

1）阐述太阳能电池的工作原理，绘出等效电路图并分别导出太阳能电池的基本特性参数。

2）完成表 25-1，绘出恒定光照下的 I-U，P-U 曲线，根据曲线求解短路电流 I_{sc}，开路电压 U_{oc}，最大输出功率 P_m 及填充因子 FF。

3）完成表 25-2，绘出 I_{sc} 和 U_{oc} 与光距 s 的关系曲线。

4）完成表 25-3，绘出 I_{sc} 和 U_{oc} 与光入射角的关系曲线。

7．思考题

1）何为太阳能电池的短路电流和开路电压？

2）测定太阳能电池在不同光距和光入射角下的输出特性时，如何直接读出任意光距或入射角下的短路电流和开路电压？

参考文献

［1］ 于军胜，钟建，林慧．太阳能光伏器件技术［M］．成都：电子科技大学出版社，2011.

［2］ 太阳能电池特性实验箱使用说明书．北京海瑞克科技发展有限公司，2013.

太阳能电池的光强特性测试

1. 实验目的

1) 掌握太阳能电池测试的标准光源条件。

2) 在标准光源下测试太阳能电池伏安特性曲线并计算性能参数。

3) 测试太阳能电池的光强特性并掌握其规律。

2. 实验原理

光源辐照光谱和强度是影响太阳能电池效率的关键因素。由于太阳辐射到达地球表面必须要经过大气层，大气层对太阳辐射的吸收、反射和散射导致不同地区、不同季节以及一天中不同时间地面所接收到的太阳辐射光谱和光强有很大差异，这使得研究太阳能电池的光谱和光强特性变得尤为必要。

(1) 光源标准

照射在地球表面的太阳光，在穿过大气层的时候，部分能量被大气层中存在的氮气、氧气、水蒸气、二氧化碳等气体分子吸收，使到达地球表面的太阳光能量密度比大气层外的小。大气对地球表面接收太阳光的影响程度可以用大气质量（airmass，AM）描述。大气质量为零的状态（AM0），是指地球大气层外接收太阳光的情况，适用于人造卫星或宇宙飞船等应用场合。大气质量为1的状态（AM1），是指太阳光直接垂直照射到地球表面的情况，相当于晴朗夏日在海平面上所接收的太阳光。在太阳方位与地面成夹角 θ 时，大气质量为 $AM = \dfrac{1}{\sin\theta}$。由于太阳能电池的输出特性受到光照射时光源辐照强度和照射光谱分布等因素的影响，所以在测试太阳能电池的性能时，必须规定标准光源。目前国际上统一规定地面太阳能电池的光源标准测试条件是：AM1.5 地面太阳光谱辐照度分布（对应太阳方位与地面夹角

41.8°)，如图 26-1 所示；光源辐照强度：$100\,\text{mW/cm}^2$（1sun）。该标准光源条件可以通过太阳模拟器（solar simulator）获得。太阳光模拟器不仅可以提供 AM1.5 地面太阳光谱辐照度分布，且能够在 $100\,\text{mW/cm}^2$ 的标准辐照强度值上下进行一定的调节。

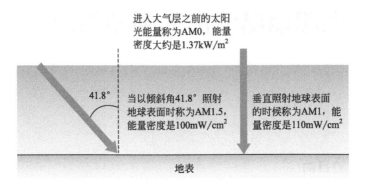

图 26-1 太阳位于不同方位时的大气质量

（2）太阳能电池的伏安特性曲线

测量太阳能电池性能最常用最基本的方式是在精确控制的光源照射下测量电池的伏安曲线。如图 26-2 所示，太阳能电池的特性由伏安特性曲线（一定光照和环境温度为 300K 条件下电流和电压的函数关系）表征。将太阳能电池开路，即负载电阻 $R \to \infty$，负载上的电流 $I \to 0$，此时的电压称为

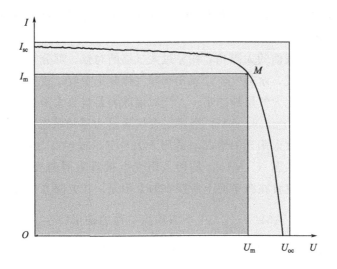

图 26-2 太阳能电池的伏安特性曲线

开路电压（U_{oc}），是伏安特性曲线在电压轴上的截距。将太阳能电池短路，即负载电阻 $R \rightarrow 0$，负载上的电压 $U \rightarrow 0$，此时的电流称为短路电流（I_{sc}），是伏安特性曲线在电流轴上的截距。伏安特性曲线中的 M 点称为最大功率点，其对应的电压 U_m 为最佳工作电压，对应的电流 I_m 为最佳工作电流。$P_m = I_m U_m$ 为太阳能电池的实际最大输出功率，对应图 26-2 中小长方形面积。$P = I_{sc} U_{oc}$ 为太阳能电池的理论最大输出功率，对应图 26-2 中大长方形面积。两个长方形面积之比即为填充因子 $FF = \dfrac{P_m}{P} = \dfrac{I_m U_m}{I_{sc} U_{oc}}$。太阳能电池的转换效率 η 是最大功率 P_m 和太阳辐射到达地面的太阳辐照度 P_s（AM1.5）的比值。

$$\eta = \frac{P_m}{P_s} = \frac{I_m U_m}{P_s}$$

最后，从伏安特性曲线中可得转换效率 η 与短路电流 I_{sc}、开路电压 U_{oc} 和填充因子 FF 的关系。

$$\eta = \frac{I_{sc} U_{oc} FF}{P_s}$$

（3）太阳能电池的光强特性

太阳能电池的光生电压和电流都是由光照引起的，所以其伏安特性和入射光强（单位时间内，单位面积上，能量在 E 到 $E + dE$ 范围内的太阳辐射光子数）有关。随着入射光强增加，短路电流 I_{sc} 呈线性增长，而开路电压 U_{oc} 呈对数增长，并逐渐达到最大值。

本实验在国际标准光源条件下测试太阳能电池伏安特性曲线，并研究其光强特性，加深学生对太阳能电池特性的专业认识，为后续从事相关领域科研和技术工作奠定扎实的基础。

3. 实验仪器与材料

实验仪器：太阳光模拟器、光纤光谱仪、数字源表、计算机。

实验材料：标准硅太阳能电池、硅太阳能电池。

4. 实验步骤

（1）太阳光模拟器调试

1）首先打开太阳光模拟器电源、光源，预热 20min。

2）用光纤光谱仪测试太阳光模拟器光谱，与太阳光谱做对比。

3）将标准硅太阳能电池置于太阳光模拟器照射下，通过调节氙灯功率及电池与光源距离使光源辐照强度为 100mW/cm^2（1sun）。

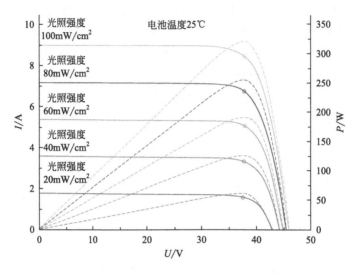

图 26-3 太阳能电池的伏安特性曲线随光强的变化

（2）标准光源下测试太阳能电池伏安特性曲线

1）将硅太阳能电池置于标准光照射下，打开数字源表电源，打开线性扫描测试软件，设置伏安特性曲线扫描区间、扫描速度以及输出电流箝位值。

2）将太阳能电池两个电极分别与数字源表两个电极连接，点击"扫描"开始进行伏安特性扫描。扫描结束后，导出并保存数据。

3）将得到的数据在 Origin 软件中作图，计算硅太阳能电池的短路电流、开路电压、填充因子和光电转换效率。

（3）太阳能电池的光强特性测试

1）分别测试硅太阳能电池在光源辐照强度为 $100mW/cm^2$，$80mW/cm^2$，$60mW/cm^2$，$40mW/cm^2$，$20mW/cm^2$ 时的伏安特性曲线（图 26-3）。

2）将得到的数据在 Origin 软件中作图，并计算硅太阳能电池在不同光强下的短路电流、开路电压、填充因子和光电转换效率。

3）使用 Origin 软件分别绘出短路电流、开路电压、填充因子和光电转换效率随光强的变化曲线。

5．注意事项

1）太阳光模拟器使用前氙灯需预热 20min；使用完毕之后需冷却 20min 后再关闭模拟器电源。

2）测试之前要使用标准硅电池对光源进行校正。校正时，标准硅电池要轻拿轻放。

6. 实验报告内容

1）绘出用光纤光谱仪测试得到的太阳光模拟器光谱与太阳光谱，并对比差异。

2）在 Origin 软件中绘制标准光源下测得的伏安特性曲线，计算硅太阳能电池的短路电流、开路电压、填充因子和光电转换效率。

3）在 Origin 软件中绘制不同光强下太阳能电池的伏安特性曲线，计算相应的短路电流、开路电压、填充因子和光电转换效率，并绘出短路电流、开路电压、填充因子和光电转换效率随光强的变化曲线。

7. 思考题

1）太阳能电池的光源标准测试条件包括哪几个方面？

2）计算太阳能电池的光电转换效率需要哪些参数？如何计算？

参考文献

［1］ 于军胜，钟建，林慧. 太阳能光伏器件技术［M］. 成都：电子科技大学出版社，2011.

［2］ 太阳能电池特性实验箱使用说明书. 北京海瑞克科技发展有限公司，2013.

LED特性及光度测量实验

1. 实验目的

1）了解发光二极管的发光机理、光学特性与电学特性，并掌握其测试方法。

2）测量绿光、蓝光、白光 LED 的 U-I 特性、P-I 特性、发光效率以及光强的角度分布等光度学特性，探究 LED 的发光特性。

2. 实验原理

(1) LED 结构与发光原理

LED 是 light emitting diode（发光二极管）的缩写，它属于固态光源，其基本结构是一块电致发光的半导体材料，置于一个有引线的架子上，然后四周用环氧树脂密封。环氧树脂起到保护内部芯线的作用，所以 LED 的抗震性能好。LED 结构如图 27-1 所示。

发光二极管的核心部分是由 P 型半导体和 N 型半导体组成的芯片。常规发光二极管芯片结构如图 27-2 所示，主要分为衬底、外延层（图 27-2 中的 N 型氮化镓、铝镓铟氮有源区和 P 型氮化镓）、透明接触层、P 型与 N 型电极、钝化层等几部分。钝化层的作用是保护透明接触层。

在 P 型半导体和 N 型半导体之间存在一个过渡层，称为 PN 结。跨过此 PN 结，电子从 N 型材料扩散到 P 区，而空穴则从 P 型材料扩散到 N 区，如图 27-3（a）所示。作为这一相互扩散的结果，在 PN 结处形成了一个高度为 $e\Delta V$ 的势垒，阻止电子和空穴的进一步扩散，达到平衡状态，见图 27-3（b）。当外加一足够高的直流电压 V，且 P 型材料接正极，N 型材料接负极时，电子和空穴将克服在 PN 结处的势垒，分别流向 P 区和 N 区。在 PN 结处，电子与空穴相遇、复合，电子由高能级跃迁到低能级，电子将多余的能

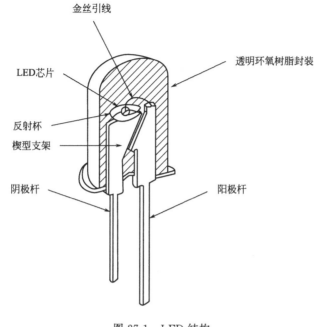

图 27-1　LED 结构

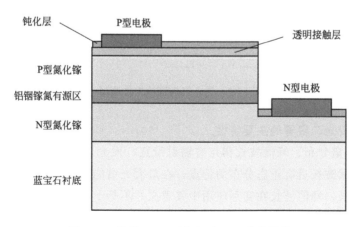

图 27-2　常规 InGaN/蓝宝石 LED 芯片结构

量将以发射光子的形式释放出来，产生电致发光现象。这就是发光二极管的发光原理，见图 27-3(c)。通过材料的选择可以改变半导体的能带带隙，从而就可以发出从紫外到红外不同波长的光线，且发光的强弱与注入电流有关。例如，由目前流行的第三代半导体材料 GaN 所制成的 LED 光谱分布很宽，可以从紫外（380nm）到蓝色（465nm），直至翠绿色（525nm）。

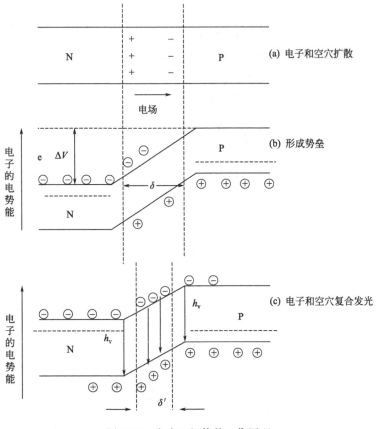

图 27-3　发光二极管的工作原理

（2）发光二极管的主要特性

1）光谱分布、峰值波长和光谱辐射带宽　发光二极管所发之光并非单一波长，其波长具有正态分布的特点，在最大光谱能量（功率）处的波长成为峰值波长。峰值波长在实际应用中其意义并不是十分明显，这是因为即使有两个 LED 的峰值波长是一样的，但它们在人眼中引起的色感觉也可能是不同的。光谱辐射带宽是指光谱辐射功率大于等于最大值一半的波长间隔，它表示发光管的光谱纯度。GaN 基发光二极管的光谱辐射带宽在 25～30nm 范围。

2）光通量　LED 光源发射的辐射通量中能引起人眼视觉的那部分，称为光通量 Φ_V，单位为 1m（流明）。光通量是 LED 向整个空间在单位时间内发射的能引起人眼视觉的辐射通量。但考虑到人眼对不同波长的可见光的光灵敏度是不同的，国际照明委员会（CIE）为人眼对不同波长单色光的灵敏度做了总结，在明视觉条件（亮度为 $3cd/m^2$ 以上）下，归结出人眼标准光度观测者光谱光效率函数 $V(\lambda)$，它在 555nm 上有最大值，此时 1W 辐射通量等于 683lm，如图 27-4 所示。图中 $V(\lambda)$ 为暗视觉条件（亮度为 $0.001cd/m^2$ 以下）下的光谱光视效率。例如 100W 的灯泡可产生 1500lm 的光通量，40W 的日光灯可产生 3500lm 的光通量。

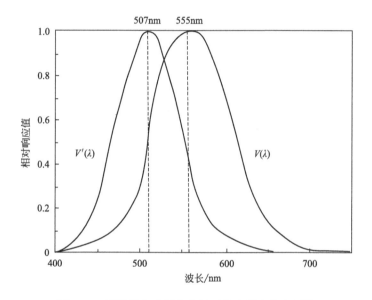

图 27-4 明视觉和暗视觉条件下的光谱光效率函数

通常，光通量的测量以明视觉条件作为测量条件。在测量时为了得到准确的测量结果，必须把 LED 发射的光辐射能量收集起来，并用合适的探测器（应具有 CIE 标准光度观测者光谱光效率函数的光谱响应）将它线性地转换成光电流，再通过定标确定被测量的大小。这里可以用积分球来收集光能量，如图 27-5。积分球又叫光度球，是一个球形空腔，由内壁涂有均匀的白色漫反射层（硫酸钡或氧化镁）的球壳组装而成，被测 LED 置于空腔内。LED 器件发射的光辐射经积分球壁的多次反射，使整个球壁上的照度均匀分布。可用一置于球壁上的探测器来测量这个与光通量成比例的光的照度。基于积分球的原理，图 27-5 中挡屏的设计是为了避免 LED 光直射到探测器。球和探测器组成的整体要进行校准，同时还要关注探测器与光谱光视效率 $V(\lambda)$ 的匹配程度，使之比较符合人眼的观测效果。

3）发光强度　发光二极管的发光强度取决于 PN 结中辐射型复合概率与非辐射型复合概率之比，通常是指法线方向上的发光强度。若在该方向上辐射强度为 $\dfrac{1}{683}$ W/sr（即 1 单位立体角度内光通量为 1lm）时，则称其发光强度为 1 坎德拉（candela，cd）。由于早期 LED 的发光强度小，所以发光强度也常用毫坎德拉（mcd）作单位。

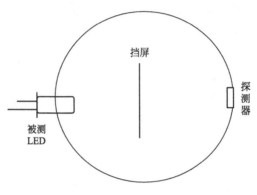

图 27-5　积分球结构

发光强度的概念要求光源是一个点光源，或者要求光源的尺寸和探测器的面积与离光探测器的距离相比足够小（这种要求被称为远场条件）。但是在 LED 测量的许多实际应用场合中，往往是测量距离不够长，光源的尺寸相对太大或者是 LED 与探测器表面构成的立体角太大，在这种近场条件下，并不能很好地保证距离平方反比定律，实际发光强度的测量值随上述几个因素的不同而不同，从而严格地说并不能测量得到真正的 LED 的发光强度。

为了解决这个问题，使测量结果可通用比较，CIE 推荐使用"平均发光强度"概念：照射在离 LED 一定距离处的光探测器上的通量，与由探测器构成的立体角的比值。其中立体角可将探测器的面积 S 除以测量距离 d 的平方计算得到。从物理上看，这里的平均发光强度的概念，与发光强度的概念不再紧密关联，而更多地与光通量的测量和测量机构的设计有关。CIE 关于近场条件下的 LED 测量，有两个推荐的标准条件：CIE 标准条件 A 和 B。这两个条件都要求，所用的探测器有一个面积为 1cm²（对应直径为 11.3mm）的圆入射孔径，LED 面向探测器放置，并且要保证 LED 的机械轴通过探测器的孔径中心。两个条件的主要区别是在于 LED 顶端到探测器的距离、立体角和平面角（全角）的不同，如表 27-1 所示。实际应用中，用得较多的是条件 B，它适用于大多数低亮度的 LED 光源。而高亮度且发射角很小的 LED 光源应使用条件 A。

表 27-1　CIE 平均 LED 发光强度标准测试条件

条件	LED 顶端到探测器的距离 d/mm	立体角/sr	平面角（全角）/（°）	应用
标准条件 A	316	0.001	2	窄视角 LED
标准条件 B	100	0.01	6.5	一般 LED

4）色温　不同的光源，由于发光物质成分不同，其光谱功率分布有很大差异，一种确定的光谱功率分布显示为一种相应的光色，可以将光源所发的光与"黑体"辐射的光相比较来描述它的光色。人们用黑体加热到不同温度所发出的不同光色来表达一个光源的颜色，称做光源的颜色温度，简称色温。用光源最接近黑体轨迹的颜色来确定该光源的色温，这样确定的色温叫做相关色温，以绝对温度（摄氏温度值＋273.15，单位为 K）来表示。将一黑体加热，随温度上升，颜色逐渐由深红-浅红-橙红-黄-黄白-白-蓝白-蓝变化，当呈现深红时温度约为 550℃，即色温为 550℃＋273.15＝823.15K。

5）发光效率　光源发出的光通量除以所消耗的功率（单位是 lm/W），它是衡量光源节能的重要指标。测得发光二极管的光通量后，就可以进一步经计算获得 LED 器件的发光效率。其计算关系式定义为

$$\eta_v = \frac{\Phi_v}{I_F U_F}$$

式中，I_F，U_F 分别是发光二极管的正向电流和正向电压。

6）显色性　光源对物体本身颜色呈现的程度称为显色性。也就是颜色的逼真程度。国际照明委员会 CIE 把太阳的显色指数（r_a）定为 100。各种类型的光源其显色指数各不相同。例如，白炽灯的显色指数大于 90，荧光灯的显色指数在 60～90 之间。

7）正向工作电压 U_F　正向工作电压是在给定的正向电流 I_F 下得到的。一般是在 I_F＝20mA 时测得的。以常见的 GaN LED 为例，正向工作电压 U_F 在 3.2V 左右。

8）U-I 特性　在正向电压小于阈值时，正向电流极小，不发光。当电压超过阈值后，正向电流随电压迅速增加。由 U-I 曲线可以得出 LED 的正向电压、反向电流及反向电压等参数。正常情况下常见的 GaN LED 反向漏电流在 U_R＝-5V 时，反向漏电流 I_R＜10μA。图 27-6 是 LED 的 U-I 特性测试电路。

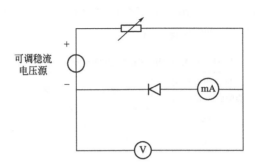

图 27-6 LED 的 U-I 特性测试电路

9）**P-I 特性** 即 LED 轴向光强与正向注入电流关系特性。由于一个产品中往往要使用许多个 LED，各 LED 的发光亮度必须相同或成一定比例后才能呈现均一的外观，因此，必须使用恒流源控制好各 LED 的工作电流，从而使各 LED 的亮度一致。要研究 LED 工作电流与亮度的关系，就必须测量它的 P-I 特性。

LED 光强的测量是按照光度学上的距离平方反比定律来实现的。测量电路及装置如图 27-6 和图 27-7 所示。根据 CIE127—1997 标准，取 LED 到探测器端面距离 $d=100$mm，探测器接收面直径 $a=11.3$mm。

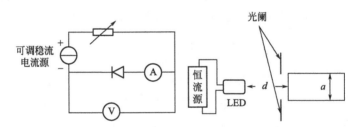

图 27-7 LED 的 P-I 特性测试电路和装置图

3. 实验仪器与器材

精密数显直流稳流稳压电源、积分球（$\phi=30$cm）、多功能光度计、通用标准光源、光功率计、直尺、万用表、LED（若干种类）、导线等。

4. 实验步骤

(1) 测量 LED 发光稳定性

点亮绿光 LED 进行预热，调节正向电流为 30mA，每 2min 记录一次积分球读数。调节正向电流 39mA，测量蓝光 LED 的发光稳定性。调节正向电流 48mA，测量白光 LED 发光稳定性。将实验所得数据填入表 27-2 中。

表 27-2 LED 稳定性 **Φ** 记录   单位：V/lm

n	1	2	3	4	5	6	7	8	9	10
绿光 LED										
蓝光 LED										
白光 LED										

（2）测量待测 LED 的光通量，并计算其发光效率

将绿光 LED 安装在积分球中，调节正向电压，并记录正向电流和积分球得到的光通量值，作出 U-I 特性曲线。将实验数据填入表 27-3 中。

表 27-3 绿光 LED 发光效率记录

U/V	0	1	2	2.5	2.7	2.8	2.9	3.0
I/mA								
Φ_v/lm								
P/mW								
$\eta/(lm/W)$								
U/V	3.05	3.1	3.15	3.2	3.25	3.3	3.35	3.4
I/mA								
Φ_v/lm								
P/mW								
$\eta/(lm/W)$								

对蓝光 LED 进行相同的操作，数据记录如表 27-4，作出 U-I 特性曲线。

表 27-4 蓝光 LED 发光效率记录表

U/V	0	2.5	2.7	2.5	2.8	2.9	3.0	3.05
I/mA								
Φ_v/lm								
P/mW								
$\eta/(lm/W)$								
U/V	3.15	3.2	3.25	3.3	3.35	3.4	3.45	3.5
I/mA								
Φ_v/lm								
P/mW								
$\eta/(lm/W)$								

再对白光 LED 进行同样分析，数据记录于表 27-5，作出 U-I 特性曲线。

表 27-5　白光 LED 发光效率记录表

U/V	0	2.5	2.7	2.5	2.8	2.9	3.0	3.05
I/mA								
Φ_v/lm								
P/mW								
$\eta/(\text{lm/W})$								
U/V	3.15	3.2	3.25	3.3	3.35	3.4	3.45	3.5
I/mA								
Φ_v/lm								
P/mW								
$\eta/(\text{lm/W})$								
U/V	3.45	3.5	3.55	3.6	3.65	3.7	3.8	
I/mA								
Φ_v/lm								
P/mW								
$\eta/(\text{lm/W})$								

(3) 测量三种 LED 的 $P\text{-}I$ 特性曲线，数据记录于表 27-6，做出 $P\text{-}I$ 曲线

表 27-6　三种 LED 平均光强记录表

	I/mA	0	1	3	5	7	11	15	19	24	31
绿光	$P/\mu\text{W}$										
	I/mA	37	48	63							
	$P/\mu\text{W}$										
蓝光	I/mA	1	2	4	6	9	11	13	18	19	27
	$P/\mu\text{W}$										
	I/mA	30	31	34	38						
	$P/\mu\text{W}$										
白光	I/mA	1	2	4	6	7	10	11	14	16	19
	$P/\mu\text{W}$										
	I/mA	21	24	27	30	33	36	39	42	46	50
	$P/\mu\text{W}$										

5. 注意事项

1) 实验过程中注意遮光，尽量避免环境光源的影响。

2）避免 LED 光直射到探测器而造成仪器损坏和仪器误差。

6. 实验报告内容

1）阐述 LED 结构与发光原理。

2）完成表 27-2，分析光通量随时间变化情况。

3）完成表 27-3～表 27-5，绘出 U-I 特性曲线。

4）完成表 27-6，绘出 P-I 曲线。

7. 思考题

1）为什么 LED 的发光强度的测量值（cd）不能转换成光通量（lm）？

2）有哪些方法可以提高 LED 的发光强度？

参考文献

［1］　王金矿，李心广，张晶，等．电路与电子技术基础［M］．北京：机械工业出版社，2008.

［2］　Joachim Piprek. Efficiency drop in nitride-based light-emitting diodes［J］. Phys. Status Solid A, 2010, 207（10）: 2217-2225.

［3］　［日］青木昌治．发光二极管［M］．陆大成等译．北京：人民邮电出版社，1981.

［4］　［英］M A 卡意莱斯，A M 马斯登．光源与照明［M］．陈大华等译．上海：复旦大学出版社，1992.

［5］　工业和信息化部．SJ/T 11394—2009 半导体发光二极管测试方法［Z］．2009-11-17.